New constructive solutions of anvil-blocks of percussion mining machines

Новые конструктивные решения бойков горных машин ударного действия

Zhukov Ivan Alekseevich
Dvornikov Leonid Trofimovich

Жуков Иван Алексеевич
Дворников Леонид Трофимович

North Charleston, USA, 2015

УДК 539.3 : 531.66: 622.23
ББК 30.9
Ж 86

Zhukov I.A. Dvornikov L.T. New constructive solutions of anvil-blocks of percussion mining machines. – North Charleston: CreateSpace, 2015. – 130 p.

Жуков И.А., Дворников Л.Т. Новые конструктивные решения бойков горных машин ударного действия. – Норт-Чарлстон: CreateSpace, 2015. – 130 с.

Излагается решение проблемы повышения эффективности использования энергии удара в машинах ударного действия путем рационального выбора форм бойков. Дается описание известных и новых, авторских конструктивных решений бойков. Новые решения исследуются теоретически и экспериментально. Приводятся результаты сравнительного анализа бойков различных форм, а также даются практические рекомендации об использовании в машинах.

ISBN: 1519156979
ISBN-13: 978-1519156976

Содержание

Введение

Состояние производственного потенциала Российской Федерации в первую очередь определяется уровнем развития машиностроения, призванного обеспечить производственным оборудованием ключевые сектора экономики и обрабатывающие отрасли промышленности. От уровня развития машиностроения зависят материалоёмкость, энергоёмкость валового внутреннего продукта, производительность труда, промышленная безопасность и обороноспособность государства. Машиностроительный комплекс включает в себя более двадцати подотраслей и является ключевым фактором, влияющим на эффективность инновационного сценария социально-экономического развития страны.

В настоящее время развитие машиностроительного комплекса происходит на фоне следующих положительных тенденций: консолидации активов производителей машиностроительной продукции и создании крупных интегрированных структур в отраслях машиностроения; увеличения объемов государственной поддержки высокотехнологичных секторов экономики (авиастроение, судостроение, транспортное машиностроение, энергетическое машиностроение и др.), а также развития производственной инфраструктуры. Одной из долгосрочных целей развития российского сектора машиностроения является создание нового поколения оборудования и производств гражданского назначения для перелома тенденции импорта. Важнейшими направлениями технологического развития производства машин и оборудования являются реализация имеющихся научно-технических заделов, снижение металло- и энергоемкости продукции.

Актуальность решения проблемы совершенствования машин ударного действия систем связана со значительными экономическими выгодами, заключающимися в увеличении производительности и уменьшении энергозатрат на работы по разрушению хрупких сред за счет создания высокотехнологичного конкурентоспособного оборудования.

При изучении ударных систем одной из важных физических закономерностей, которая не была замечена и не исследовалась в классических трудах по продольному удару (Сен-Венан, Буссинеск Ж., Ляв А., Тимошенко С.П., Кильчевский Н.А., Пановко Я.Г. и др.), является закономерность формирования упругой волны. Главная идея настоящей работы заключается в утверждении, что эффект воздействия на среду при продольном ударе по волноводу-инструменту определяется не только массой и предударной скоростью ударяющего тела, но и его формой. Упругая волна, генерируемая в стержне при ударе, определяется не только её энергией, но и законом изменения амплитуды импульса по его длине. Эта закономерность, как физический факт влияния формы ударяющего тела на эффект разрушения при ударе, был официально заявлен в открытии №13 (СССР) в 1964г. Александровым Е.В. Некоторые исследования в развитии этой закономерности были сделаны в 60-80-х годах XX века. Были исследованы ударяющие тела в виде усеченного конуса (Шапошников И.Д.), гиперболоида (Мясников А.А.), однако систематических и обобщающих исследований в этом направлении выполнено не было.

В настоящей монографии вполне доказательно восполняется возможность учета при ударе закономерности форм ударяющих тел. В ней впервые вскрываются причины, по которым влияние формы ударяющих тел оказывает не только физический, но и важный экономический эффект. В монографии приведен системный анализ всех до настоящего времени найденных форм ударников, разработаны методы их аналитического и графо-динамического анализа и синтеза, разработаны легко применяемые в масштабах заводов алгоритмы и программы проектирования бойков, найдены методы проектирования ударяющих тел для заданных условий эксплуатации.

1 Технологические горные машины ударного действия

1.1 Ударная система «боёк – волновод – инструмент»

Мир современной техники представлен широким многообразием различных машин и механизмов. Основной задачей развития уровня производства является повышение долговечности и надежности конструкций, сокращение времени их разработки и внедрения, повышение качественных и эксплуатационных показателей. Надежность и долговечность машины зависит от прочностных характеристик элементов, от уровня динамических нагрузок, действующих на ее элементы, который тем больше, чем больше интенсивность изменения действующих сил. И в этом плане наибольшей интенсивностью изменения обладают ударные силы.

Существует множество машин, в которых ударные нагрузки создаются специально для получения больших сил, необходимых для деформирования или разрушения весьма прочных сред [1-6]. Схематически машина ударного действия, предназначенная для разрушения горных пород, может быть изображена в виде ударной системы «боёк – волновод – инструмент» (рисунок 1.1.1).

Рисунок 1.1.1 – Схема ударной системы технологического назначения

Принцип действия такой системы заключается в следующем (рисунок 1.1.2). Энергия привода преобразуется в кинетическую энергию возвратно-поступательного движения бойка, который также называется ударником, молотком, поршнем и т.д.,

$$T = \frac{mV_0^2}{2},\qquad(1.1.1)$$

где m – масса бойка,

V_0 – предударная скорость движения бойка.

В конце хода боёк соударяется с хвостовиком волновода (штанги), представляющего собой стержень. В результате, кинетическая энергия ударника частично преобразуется в полезную энергию продольных колебаний волновода и частично может переходить в другие виды энергий (тепловую, например). Генерируемые бойком продольные колебания называются падающим ударным импульсом, который перемещается по волноводу, оканчивающемуся, как правило, инструментом. Амплитуда и длительность импульса определяются материалами, формами и размерами соударяющихся тел. Под действием импульса инструмент перемещается, создавая тем самым условия для разрушения обрабатываемой среды, и проникает в эту среду на глубину h. Это линейное проникание инструмента является критерием производительности разрушения. Для оценки эффективности процесса используют также коэффициент передачи энергии (КПЭ) импульса в обрабатываемую среду.

При этом достаточно заметная часть энергии возвращается в ударную систему в виде отраженного импульса (рисунок 1.1.3), который, как правило, гасится самой системой.

Изучение ударных процессов относится к числу наиболее актуальных проблем механики, связанных с оценкой поведения различных конструкций в условиях воздействия интенсивных импульсных нагрузок, которые возникают при эксплуатации многих современных сооружений, механизмов и приборов.

Рисунок 1.1.2 – Принцип действия ударной системы

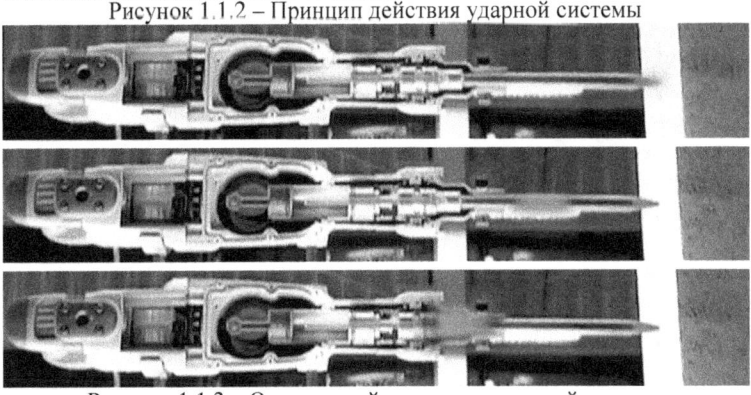

Рисунок 1.1.3 – Отраженный импульс в ударной системе

Рисунок 1.1.3 – Продолжение

В XXI глубокому исследованию проблем продольного удара посвящены работы Дворникова Л.Т. [88-104] (Новокузнецк), Доронина С.В. [7-10] (Красноярск), Еремьянца В.Э. [3, 11-15] (Кыргызстан), Манжосова В.К. [16-34] (Ульяновск), Мясникова А.А. [35, 36] (Кыргызстан), Ушакова Л.С. [37-41] (Орел), Шапошникова И.-И.Д. [42-52] (Германия), Юнгмейстера Д.А. [53-55] (Санкт-Петербург) и их учеников.

1.2 Обоснование зависимости производительности ударных систем от формы ударного импульса. Рационализация форм бойков ударных систем

Расчет ударных систем технологического назначения включает в себя решение задачи о формировании и распространении импульсов упругой деформации при соударении бойка с волноводом и о прохождении ударного импульса по волноводу в обрабатываемую среду и превращении его энергии в работу разрушения. Решение этой задачи позволяет определить действующие нагрузки в системе и произвести расчеты на прочность, а также рассчитать производительность.

После соударения кинетическая энергия T бойка преобразуется в энергию ударного импульса E_1, которая частично в виде E_2 отражается от среды и движется к ударному торцу бойка, и лишь часть энергии в виде E_3 расходуется на разрушение среды, а энергия E_4 уходит в среду и рассеивается (рисунок 1.2.1). Коэффициент полезного действия системы:

$$\eta' = \frac{E_3}{T}. \tag{1.2.1}$$

Определить значение энергии E_3 не представляется возможным и поэтому вместо КПД для оценки эффективности процесса используют коэффициент передачи энергии (КПЭ) импульса [10, 73]:

$$\eta = \frac{E_1 - E_2}{E_1}. \tag{1.2.2}$$

Энергия E_1 определяется по падающему ударному импульсу, а E_2 – по отраженному. Коэффициент η принимается как критерий эффективности работы ударной системы.

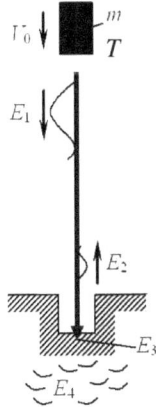

Рисунок 1.2.1 – Распределение предударной энергии бойка

В 1962г. одним из известных ученых-исследователей теории удара Александровым Е.В. было сделано открытие [74]:

«При упругом ударе коэффициент передачи энергии зависит от отношения масс соударяющихся тел до определенного критического значения этого отношения, которое определяется конфигурацией соударяющихся тел.

При дальнейшем увеличении отношения масс соударяющихся тел коэффициент передачи энергии определяется уже не отношением действительных масс, а лишь указанным критическим значением этого отношения.

При упругом ударе коэффициент восстановления определяется формой и массой соударяющихся тел, а также степенью рассеяния энергии в них».

Таким образом, при постоянной энергии, запасенной бойком ударной системы перед ударом, существенно различными могут быть масса m, предударная скорость V_0 и форма ударяющего тела. Рациональное проектирование ударной системы должно обеспечить максимальный коэффициент η при заданной энергии удара. При этом подбор целесообразной формы ударника является одним из наиболее действенных методов проектирования, приводящий к увеличению значения КПЭ.

1.3 Теоретические основы решения продольного соударения стержней сложной формы

Решение проблем, связанных с применением теории продольного удара к исследованию машин ударного действия, естественно предполагает глубокого всестороннего подхода к выбору методик, которые бы в наибольшей мере соответствовали физическим особенностям рассматриваемой ударной системы. Среди известных, апробированных методов исследования продольного соударения стержней [75, 76] наиболее широкое применение получила одномерная волновая теория Барре де Сен-Венана [77, 78], построенная для стержней с плоскими торцами на тех допущениях, что: 1) плоские, поперечные к оси стержня сечения остаются плоскими в процессе распространения волн продольной деформации; 2) материал стержня подчиняется закону Гука, т.е. деформации остаются в пределах упругости; 3) соприкосновение соударяющихся тел происходит в один и тот же момент времени по всей площади ударного торца. По теории Сен-Венана процесс распространения волн продольных колебаний в стержне постоянного поперечного сечения описывается дифференциальным уравнением

$$\frac{\partial^2 u_{(x,t)}}{\partial t^2} = a^2 \frac{\partial^2 u_{(x,t)}}{\partial x^2}, \qquad (1.3.1)$$

где $u_{(x,t)}$ – функция смещения поперечного сечения стержня с координатой x в момент времени t.

О возможности решения задач продольного соударения стержней с помощью уравнения (1.3.1) показывается также в известных работах Лява А. [79], Кольского Г. [80], Геронимуса Я.Л. [81], Кильчевского Н.А. [82], Кошлякова Н.С. [83], Алимова О.Д., Дворникова Л.Т. [1], которые показывают, что при продольных колебаниях стержней постоянного поперечного сечения можно пренебречь поперечными колебаниями без существенных ошибок, а продольный импульс распространяется вдоль стержня без изменения формы.

Учитывать сложную геометрическую форму деталей ударных узлов, имеющих криволинейные образующие боковой поверхности, различные отверстия или полости позволяет волновое дифференциальное уравнение гиперболического типа с частными производными второго порядка

$$a^2 \cdot \frac{\partial^2 u_{(x,t)}}{\partial x^2} + a^2 \cdot \frac{1}{S_{(x)}} \cdot \frac{dS_{(x)}}{dx} \cdot \frac{\partial u_{(x,t)}}{\partial x} - \frac{\partial^2 u_{(x,t)}}{\partial t^2} = 0, \qquad (1.3.2)$$

где $S_{(x)}$ – функция площади поперечного сечения стержня.

Методика вывода уравнения (1.3.2) изложена Кошляковым Н.С., Мясниковым А.А. Это же уравнение рекомендует для исследования продольных колебаний стержней переменного поперечного сечения Пановко Г.Я. [84].

Однако при продольных колебаниях стержень еще испытывает поперечные деформации, что приводит к неоднородному распределению напряжений по поперечному сечению стержня. Дифференциальное уравнение с поправкой Релея-Похгаммера-Кри для рассмотрения стержней переменного поперечного сечения, позволяющее учесть большее число механических параметров и особенностей геометрии стержней, чем уравнения (1.3.1) и (1.3.2), записано Кошляковым Н.С., Лявом А. и Мясниковым А.А.

$$\frac{\partial}{\partial x}\left(ES_{(x)}\frac{\partial u_{(x,t)}}{\partial x}\right)-\frac{\partial}{\partial t}\left(\rho S_{(x)}\frac{\partial u_{(x,t)}}{\partial t}\right)+\frac{\partial^2}{\partial x \partial t}\left(\rho \mu^2 J_{\rho_{(x)}}\frac{\partial^2 u_{(x,t)}}{\partial x \partial t}\right)=0, \quad (1.3.3)$$

где μ – коэффициента Пуассона; $J_{\rho_{(x)}}$ – полярный момент инерции сечения.

С практической точки зрения при проведении инженерных расчетов ударных систем технологического назначения, в которых деформации остаются в пределах упругости, в виду относительной малости третьим слагаемым уравнения (1.3.3) можно пренебречь.

Решить задачу о формировании и распространении импульсов упругой деформации в соударяющихся стержнях позволяет так же достаточно точно и полно графоаналитический метод, который сводится к рассмотрению прохождения ударных импульсов через стержень с переменным поперечным сечением, представляющий собой цилиндрическое тело, состоящее из нескольких ступеней. На основании этого метода разработан численный алгоритм нахождения и анализа ударного импульса, генерируемого бойками сложной геометрической формы, а именно представляющими собой тело, образованное вращением нескольких различных участков каких-либо плоских кривых. Последовательность алгоритма заключается в следующем.

Боёк сложной формы (рисунок 1.3.1) разбивается на диски сравнительно малой толщины, т.е. представляется в виде ступенчатого цилиндрического. Количество ступеней st, на которые разбивается боёк, выбирается из условия сохранения качественных свойств исходного бойка. Диаметры d_j, площади поперечных сечений S_j и длина ступеней l_1 вычисляются из условия равенства объемов исходного и ступенчатого бойков

$$d_j = 2\sqrt{\frac{1}{l_1}\int_{x_{j-1}}^{x_j} y_{(x)}dx}\;;\quad S_j = \frac{\pi d_j^2}{4};\quad l_1 = \frac{L}{st},\quad 1 \le j \le st;\quad (1.3.4)$$

где $\quad y_{(x)} = \frac{1}{2}\sum_{i=1}^{n}\left[f_i\left(\frac{x_i - x}{|x_i - x|} - \frac{x_{(i-1)} - x}{|x_{(i-1)} - x|}\right)\right]$ – функция, описывающую образующую боковой поверхности сложного бойка; x_i – координаты переходных сечений перехода ступеней; L – общая длина бойка.

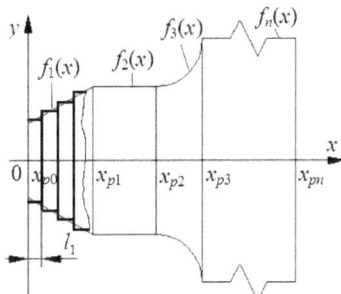

Рисунок 1.3.1 – Боек сложной геометрической формы

При ударе бойка по волноводу волны продольной деформации будут распространяться в обе стороны от места соударения. Для каждой ступени коэффициенты прохождения Q и отражения R определяются по формулам

$$Q_j = \begin{cases} \dfrac{2S_{j-1}}{S_{j-1} + S_j}, & 1 \le j \le st; \\[4mm] \dfrac{2S_{j-st+1}}{S_{j-st+1} + S_{j-st}}, & (st+1) \le j \le (2 \cdot st - 1); \end{cases}$$

$$R_j = \begin{cases} \dfrac{S_{j-1} - S_j}{S_{j-1} + S_j}, & 1 \le j \le st; \\[4mm] \dfrac{S_{j-st+1} - S_{j-st}}{S_{j-st+1} + S_{j-st}}, & (st+1) \le j \le (2 \cdot st - 1). \end{cases} \qquad (1.3.5)$$

Величины сил, которые возникают после соударения в бойке и стержней определяются в зависимости от количества расчетных шагов T по формулам

$$A_{2k-1}^1 = \frac{ES_k V_0}{2c}, \quad 1 \le k \le st;$$

$$A_{2k}^1 = -\frac{ES_k V_0}{2c}, \quad 1 \le k \le st;$$

$$A_{2st-1}^{m+1} = -A_{2st}^m, \quad 1 \le m \le T;$$

$$A_2^{m+1} = A_1^m R_1, \quad 1 \le m \le T;$$

$$A_{2k-1}^{m+1} = A_{2k}^m R_{st+m} + A_{2k+1}^m Q_{m+1}, \quad 1 \le k < st, \quad 1 \le m \le T;$$

$$A_{2k}^{m+1} = A_{2k-1}^m R_m + A_{2k-2}^m Q_{st+m-1}, \quad 1 < k \le st, \quad 1 \le m \le T;$$

$$F_m = A_1^m Q_1, \quad 1 \le m \le T. \qquad (1.3.6)$$

По результатам вычислений строится график зависимости силы, возникающей в стержне, от времени, который отражает форму импульса, генерируемого бойком заданной формы. При этом информация об ударном импульсе может быть получена за любой промежуток времени, определяемый по формуле $t_{имп} = t_1 \cdot T$, где $t_1 = l_1 / a$ – время одного расчетного шага.

Решение задачи о формировании упругих волн деформаций в стержнях постоянного поперечного сечения при ударе по ним бойками, представляющими собой тела переменного поперечного сечения, с целью определения формы ударного импульса и его параметров, возможно с использованием уравнения (1.3.3) в его упрощенных формах (1.3.1) и (1.3.2).

На основе вышеизложенного численного алгоритма разработан комплекс компьютерных инструментальных средств [85-87], применение которых позволяет для бойков с любой геометрией определять такие важные характеристики ударного импульса, как максимальную амплитуду, форму и эффективную длительность (рисунок 1.3.2).

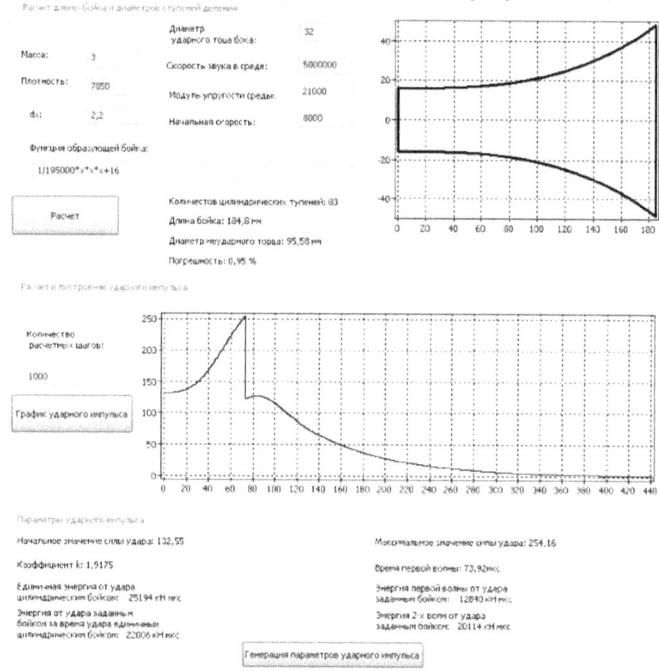

Рисунок 1.3.2 – Компьютерная программа «Импульс v.2.0»

Таким образом, разработанные на основе дифференциальных уравнений волновой теории удара и численного графоаналитического алгоритма теоретические методы позволяют производить расчет и анализ форм ударных импульсов, генерируемых в длинных стержнях бойками сложных геометрических форм, обеспечивая тем самым существенное повышение эффективности разрушения хрупких сред ударными системами за счет использования рациональных форм бойков ударных механизмов.

14

2 Разработка, исследование и обоснование новых технических решений конструкций бойков ударных систем технологического назначения

2.1 Систематизация технических решений геометрии бойков ударных систем в соответствии с требованиями эффективности использования энергии удара

Приступая к разработке проектного задания на конструирование новой машины ударного действия, необходимо, прежде всего, правильно установить величины технической характеристики, с тем, чтобы новая машина в тех условиях работы, для которых она предназначается, отличалась от существующих машин более высокой производительностью и экономичностью. При этом следует иметь в виду, что от начала проектирования до серийного выпуска проходит обычно довольно продолжительное время, иногда несколько лет, поэтому надо обеспечивать такие показатели машины, чтобы к началу серийного производства она была на уровне лучших мировых образцов.

Производительность будущей ударной системы, технологичность ее изготовления, долговечность и надежность в эксплуатации определяются в основном применением наиболее рациональной конструктивной схемы. Удачная компоновка деталей и узлов, устранение излишних звеньев механизма способствуют снижению веса машины, уменьшению ее объема и габаритов. Необходимо учитывать и те возможности, которыми располагает каждая конкретная схема для дальнейшего совершенствования машины, а также для образования на базе основной модели различных модификаций. Надо считаться и с тем, что невозможно предложить определенную конструктивную схему, отвечающую всему многообразию эксплуатационных требований.

В современной практике работы конструкторских бюро возникает вопрос об оценке технологичности конструкции. Показатели технической характеристики ударной системы должны быть увязаны с запасами прочности основных деталей и применяемого инструмента. Соударяющиеся детали машин кроме объемного нагружения ударными нагрузками в процессе работы нагружаются еще и локальными нагрузками по трущимся поверхностям вследствие подвижного контакта по неровностям. Через контактирующие элементы от нагруженных ударом деталей к ненагруженным переходит часть энергии в виде упругих волн. Эти сложные условия работы соударяющихся деталей требуют тщательного подхода к выбору материала и вида технологической обработки деталей.

Иногда стремясь получить возможно большую ударную мощность машины и в то же время необоснованно стараясь уменьшить вес и стоимость изготовления, резко понижают надежность ее в эксплуатации, что влечет за собой значительное увеличение эксплуатационных расходов и снижение экономического эффекта.

Исходя из этого, проектирование машины ударного действия следует вести по принципу «от обрабатываемой среды к машине». Сначала надо представить, каковы характеристики разрушаемого объекта, вид предстоящих работ. На основании этих сведений выбирается тип инструмента и его размеры; по условиям прочности инструмента определяется величина энергии удара. Затем, зная особенности эксплуатации новой машины, устанавливают значения остальных параметров собственно машины и её привода.

После определения рабочих параметров ударной системы можно приступать к выбору оптимальной конструктивной схемы, а затем, выполнив необходимые силовые, прочностные и кинематические расчеты, начинают разработку графического материала. После изготовления рабочих чертежей, как правило, проводится детальный проверочный расчет, по результатам которого уточняются форма и размеры отдельных конструктивных элементов.

Кроме максимальной эффективности и надежности, к конструкции машины предъявляются еще и такие важные требования, как унификация и нормализация отдельных деталей и узлов, сокращение количества применяемых размеров резьб и посадок, применение прогрессивных способов изготовления деталей и современных материалов.

К настоящему времени известными, запатентованными являются бойки различных форм (таблица 2.1.1) [88-111], каждый из которых может найти рациональное применение в том или ином механизме для выполнения определенного вида работ по разрушению горной породы.

Таблица 2.1.1 – Известные, запатентованные формы бойков

№	Вид бойка	Рисунок	Сведения об авт. св-вах и патентах	Авторы
1	Боёк для машин ударного действия		Боёк для машин ударного действия, А.с. №208608, опубл. 17.01.1968, Бюл. №4	Иванов К.И., Андреев В.Д., Манзиенко Г.Г. и др.
2	Ударник с камерами, заполненными текучим материалом		Поршень для машин ударного действия, А.с. №300602, приоритет от 06.04.1970, опубл. 07.04.1971	Шилов П.М., Шутько А.Ф., Метелин Е.П. и др.
3	Боёк с кольцевым поршнем и упругим элементов в форме гиперболоида вращения		Ударник для машин динамического действия, А.с. №317503, опубл. 19.10.1971, Бюл. №31	Маслаков П.А., Клушин Н.А., Абраменков Э.А.
4	Поршень для машин ударного действия		А.с. №371342, опубл. 22.02.1973, Бюл. №12	Александров Е.В.

5	Гиперболический		Боёк, А.с. №906110, приоритет от 25.01.1978, опубл. 14.10.1981	Дворников Л.Т. Мясников А.А.
6	Квази-гиперболический		Боёк, А.с. №999394, приоритет от 09.11.1978, опубл. 21.10.1982	Дворников Л.Т. Мясников А.А.
7	Цилиндро-гиперболический		Боёк, А.с. №999395, приоритет от 05.04.1979, опубл. 21.10.1982	Дворников Л.Т. Мясников А.А. Тагаев Б. Т.
8	Ступенчатый ударник с переходной частью в виде конуса с полостью в виде гиперболоида вращения		Поршень-ударник для машин ударного действия, А.с. №1004093, опубл. 15.03.1983, Бюл. №10	Соколинский В.Б., Захариков Г.М., Доброборский С.И. и др.
9	Устройство ударного действия		А.с. №1153052, приоритет от 13.05.1983, опубл. 30.04.1985, Бюл. №16	Москалев А.Н., Степанюк А.И., Галяс А.А., и др.
10	Полый ударник с втулкой с перегородкой		Ударник для машин ударного действия, А.с. №1235720, приоритет от 23.05.1984, опубл. 07.06.1986, Бюл. №21	Абраменков Э.А., Проценко В.М.
11	Боёк с образующей боковой поверхности, представляющей собой трактрису		Боёк, А.с. №1265038 приоритет от 23.04.1985, опубл. 23.10.1986, Бюл. № 39	Дворников Л.Т. Федотов Г.В.
12	Полый		Боёк, А.с. №1357215, приоритет от 16.03.1986, опубл. 07.12.1987, Бюл. №45	Дворников Л.Т. Мясников А.А. Федотов Г.В.
13	Политропа вращения, ступенчатый		Боёк, А.с. №1362572, приоритет от 22.05.1986, опубл. 30.12.1987, Бюл. № 48	Дворников Л.Т. Федотов Г.В.
14	Модульный		Модульный боёк, А.с. №1391873, приоритет от 25.04.1986, опубл. 30.04.1988, Бюл. № 16	Дворников Л.Т. Мясников А.А. Федотов Г.В.

15	Ударник с коническим сердечником и конической втулкой		Ударник для машины ударного действия, А.с. №1397274, приоритет от 30.12.1986, опубл. 23.05.1988, Бюл. №19	Абраменков Э.А., Надеин А.А., Проценко В.М.
16	Ударник для машин ударного действия		А.с. №1445939, приоритет от 13.05.1987, опубл. 23.12.1988, Бюл. №47	Абраменков Э.А., Надеин А.А., Проценко В.М.
17	Эвольвентный		Боёк, А.с. №1489980, приоритет от 11.09.1987, опубл. 30.06.1989, Бюл. № 24	Дворников Л.Т. Федотов Г.В. Логушова О.В.
18	С подвижной внутренней массой		Боёк ударного механизма, А.с. №1551543, приоритет от 23.02.1988, опубл. 23.03.1990, Бюл. № 11	Дворников Л.Т. Александров Л.Н. Федотов Г.В.
19	Ударник для машин ударного действия		А.с. №1792829, приоритет от 12.06.1989, опубл. 07.02.1993, Бюл.№5	Абраменков Э.А., Проценко В.М.
20	Боёк переменной массы		Ударный механизм, А.с. №1743842, приоритет от, опубл. 30.06.1992, Бюл. № 24	Дворников Л.Т. Анохин А.В. Федотов Г.В
21	Боёк с ударным торцом, выполненным в виде поверхности вращения укороченной циклоиды		Боёк, 02.04.1990 Патент №2041792, приоритет от 17.02.1992, опубл. 20.08.1995, Бюл. № 23	Дворников Л.Т. Прядко Ю.А. Гудимов С.Н.
22	Боёк со вставкой из различных материалов		Боёк отбойного молотка, Патент JP7052066A, приоритет от 06.08.1993, опубл. 28.02.1195	Yasunori Doi
23	Боёк с ударным торцом, выполненным в виде поверхности вращения части эллиптической лемнискаты Бута		Ударник бурильной машины, Патент №2137595, приоритет от 01.06.1998, опубл. 20.09.1999, Бюл. № 26	Дворников Л.Т. Прядко М.Ю.
24	Поршень с внутренней полостью, заполненной тяжелой жидкостью		Способ разрушения горных пород ударными импульсами, Патент №2209913, приоритет от 31.01.2002, опубл. 10.08.2003	Юнгмейстер Д.А., Ветюков М.М., Пивнев В.А., и др.

25	Составной ударник с амортизатором		Составной ударник с амортизатором для пневматических перфораторов, Патент №2233960, приоритет от 15.12.2002, опубл. 10.08.2004	Арефьев В.И., Бессонов А.Н., Чумачев А.А.

В 1968 году был запатентован боёк для машин ударного действия (А.с. №208608), выполненный с длинным волноводом при геометрически коротком теле и состоящий из жестко соединенных между собой цилиндра и коаксиально расположенного в нем штока.

Для машин ударного действия, применяемых в горной промышленности, разработан поршень (А.с. №300602, 1972г.), в котором симметрично оси выполнены камеры, заполненные текучим материалом, что позволяет увеличить скорость бурения.

В области обработки металлов давлением для динамических машин создан ударник в виде поршня с бойком (А.с. 317503, 1971г.), в котором, поршень выполнен в виде кольца, а боёк в виде проходящего через это кольцо стержня, соединенного с кольцом посредством упругого элемента, имеющего форму гиперболоида вращения.

Известен поршень для машин ударного действия (А.с. №371342, 1973г.), состоящий из металлического сердечника и полимерной втулки, в котором с целью повышения ударной мощности машины, сердечник выполнен с постоянным поперечным сечением по всей длине и снабжен заплечиками, на которых укреплена втулка из полимерного материала.

В 1981 году был запатентован боёк, выполненный в виде гиперболоида вращения (А.с. № 906110), в котором образующей является гипербола. Такой ударник может быть преобразован к форме абсолютно жесткого тела, к форме усеченного конуса и с этой точки зрения может рассматриваться как универсальный. На основе использования гиперболы в качестве образующей боковой поверхности были созданы также квазигиперболический боёк (А. с. №999394, 1982г.), представляющий последовательно соединенные между собой конические ступени, и цилиндро-гиперболический (А.с. №999395, 1982г.), содержащий цилиндрической поршневой частью для возможности встраивания в корпус ударных механизмов.

С целью снижения вибрации и увеличения срока службы машин ударного действия, применяемых для разрушения материалов в горной, строительной и металлообрабатывающей промышленностях, спроектирован поршень-ударник (А.с. 1004093, 1983г.), содержащий цельнометаллический ступенчатый стержень с постоянной по длине площадью поперечного сечения, меньшая ступень которого предназначена для взаимодействия с рабочим инструментом, причем площадь поперечного сечения стержня равна 0,6-0,8 площади поперечного сечения инструмента, а переходная часть стержня выполнена в виде усеченного конуса с полостью в виде гиперболоида вращения.

В 1985 году запатентовано устройство ударного действия для разрушения горных пород (А.с. №1153052), включающее поршень-боёк, внутри которого выполнена полость, частично заполненная текучей балластной массой, обеспечивая вторичное приложение ударной нагрузки.

С целью повышения долговечности машин ударного действия в 1984г. разработан ударник (А.с. 1235720), содержащий коаксиально установленные корпус и полимерную втулку с осевым отверстием, в котором корпус выполнен полым, в котором втулка закреплена неподвижно и имеет перегородку в средней части, разделяющую ее на две полости, что обеспечивает увеличение контактной площади соударения.

Известен боёк (А.с. №1265038, 1986г.), боковая поверхность которого представляет собой трактрису, обращенную вогнутостью к оси бойка, и описывается формулой:

$$x = a \cdot \ln \frac{a + \sqrt{a^2 + y^2}}{y} - \sqrt{a^2 - y^2}, \qquad (2.1.1)$$

где x – координата вдоль оси бойка; y – радиус бойка; a – параметр трактрисы.

Данный боёк позволяет повысить эффективность передачи энергии обрабатываемой среде путем генерирования ударного импульса с непрерывно возрастающей амплитудой по линейному закону в течение периода собственных колебаний и увеличить долговечность ударной системы путем уменьшения отражения части энергии от обрабатываемой среды.

С целью повышения эффективности ударного процесса за счет генерирования импульса оптимальной формы был изобретен боёк (А. с. № 1357215, 1987г.), выполненный в форме цилиндра, в котором выполнено центральное отверстие, полость которого образована поверхностью вращения с образующей, определяемой зависимостью:

$$d(x) = \sqrt{D^2(x) - \frac{4C(x)}{\pi\sqrt{E\rho}}}, \qquad (2.1.2)$$

где $d(x)$ – диаметр отверстия в сечении с координатой x; $D(x)$ – диаметр бойка; $C(x)$ – ударная жесткость сечения; E – модуль упругости материала бойка; ρ – плотность материала бойка.

В результате исследований, с целью повышения максимальной амплитуды ударного импульса, был создан боёк (А.с. № 1362572, 1987г.) в виде ряда последовательно закрепленных ступеней, имеющих форму тел вращения с интенсивным характером возрастания диаметров сечений по длине от ударного торца, при этом в граничных сечениях диаметр каждой последующей ступени меньше диаметра предыдущей. В такого рода бойках боковая поверхность каждой ступени образована политропой вращения. Этот боёк способен генерировать в инструменте ударный импульс с высоким уровнем максимальной амплитуды.

С целью повышения долговечности ударника путем увеличения времени соударения в 1988г. создан ударник (А.с. №1397274), содержащий два коаксиально установленных элемента, внешний из которых выполнен в виде трубы, причем отверстие трубы выполнено коническим, элемент, расположенный в нем – в виде конического сердечника и охватывающей его конической втулки, вершины конусов которых направлены в сторону камеры холостого хода.

Известны бойки (А.с. №1445939, А.с. №1792829), которые с целью повышения долговечности содержат коакисально расположенные части корпуса с полимерной втулкой между ними.

Немаловажным фактором для повышения эффективности процесса соударения является регулирование энергии удара. Для выполнения такой задачи был сконструирован модульный боёк (А.с. №1391873, 1988г.), состоящий из цилиндрического стержня-модуля с воспринимающим и ударным торцами, имеющий генерирующую часть, образованную полыми модулями, устанавливаемыми коаксиально на стержне-модуле. Для формирования оптимальной формы ударного импульса производят настройку бойка за счет изменения и фиксации в определенном положении центра тяжести бойка и его внешней боковой образующей. Это достигается путем изменения взаимного положения модулей, что позволяет регулировать энергию удара и обрабатывать объекты различной прочности.

В связи с тем, что разрушаемые среды обладают различной крепостью, использование одинаковых элементов ударных механизмов будет не рациональным. С этой целью был создан боёк (А.с. № 1489980, 1989г.), содержащий генерирующую часть, ограниченную воспринимающим и ударным торцами, с образующей боковой поверхности, представляющей собой эвольвенту с координатами, выбранными из следующей системы уравнений:

$$x = R \cdot \cos t + R \cdot t \cdot \sin t,$$
$$y = R \cdot \sin t - R \cdot t \cdot \cos t, \qquad (2.1.3)$$

где x, y - координаты по осям бойка; R – радиус основной окружности; t – угол, определяющий направление радиус-вектора.

Такой боёк обеспечивает генерирование ударного импульса, характеризующегося оптимальным нарастанием амплитуды первой ступени и более высокими значениями в следующих двух ступенях, и позволяет повысить эффективность разрушения горных пород средней и повышенной крепости.

В некоторых механизмах строго определенная конструкция бойка накладывает ограничение на обрабатываемость различных сред. Повышения эксплуатационных возможностей ударного механизма можно добиться за счет встраивания ударника с подвижной внутренней массой (А.с. №1551543, 1990г.), или бойка, масса которого регулируется количеством подаваемого в полость бойка наполнителя, уплотненного подпружиненным поршнем. Боёк с таким строением был запатентован в 1992 году – А.с. №1743842. Изменение массы бойка производится без остановки работы и разборки-сборки ударного механизма. Кроме того, возникает возможность более эффективного регулирования массы бойка для конкретной обрабатываемой среды, используя непрерывный характер изменения объема наполнителя внутренней полости. Благодаря этому, работа ударного механизма не прекращается, а значит, имеет место повышение производительности работ.

В Японии известен боёк ударного механизма (JP052066A, 1995), содержащий основную часть в виде цилиндрических поршневой и ударной частей с полостью, в которой размещены слой материала с удельным весом, отличным от удельного веса материала основной части, и вставка из материала, идентичного материалу упомянутой основной части.

Одной из важнейших характеристик ударных механизмов в бурильных машинах является их долговечность. В результате исследования ударников различных форм был сделан вывод о том, что плоские ударные торцы не обеспечивают достаточно эффективного контакта бойка с буровой штангой, т. к. соприкосновение ударного торца ударника с волноводом происходит не в его центральной точке. Это не позволяет обеспечить стабильность результатов удара. Более того, при внецентренном ударе в волноводе возникают изгибные волны деформации, снижающие коэффициент передачи энергии бойка обрабатываемой среде, что может также привести к поломке механизма.

В связи с этим были созданы бойки, содержащие генерирующую часть с образующей боковой поверхностью, ограниченную воспринимающим и выпуклым ударным торцами, в которых ударный торец выполнен в виде поверхности, образованной вращением вокруг продольной оси бойка:

– укороченной циклоиды с отношением d/r, лежащим в пределах 0,3 – 0,5, где r – радиус круга, а d – расстояние точки, описывающей циклоиду от центра круга; (Патент № 2041792, 1995г.)

– плоской кривой, являющейся частью эллиптической лемнискаты Бута с отношением коэффициентов a/b=0,7…0,8, где a и b – коэффициенты эллиптической лемнискаты Бута. (Патент № 2137595, 1999г.)

Бойки с такими ударными торцами позволяют повысить долговечность соударяющихся поверхностей при одновременном повышении эффективности передачи кинетической энергии бойка волноводу.

Для разрушения горных пород ударными импульсами в 2002 года разработан поршень-боёк (Патент №2202913, 2003) с внутренней полотью, заполняемой тяжелой магинтоактивной жидкостью.

Для пневматических перфораторов, применяемых в механизации процессов добывания горных пород, изобретен составной ударник (Патент №2233960, 2004) с амортизатором, включающий воспринимающий ударные нагрузки корпус в виде сплошного цилиндра с внутренним сквозным отверстием, выполненный за одно целое с конической формы поршнем, дополнительно снабженный расположенным на цилиндрической части корпуса запрессованным стаканом, между дном которого и торцом корпуса беззазорно установлен амортизатор.

Однако из всех 25 вышеперечисленных бойков, аналитическое выражение ударных импульсов было получено к настоящему времени лишь для нескольких из этого списка [112] – гиперболического и цилиндро-гиперболического.

Все известные запатентованные бойки [113] ударных систем собраны в базу данных «Полный состав форм бойков для машин ударного действия», на которую получено официальное Свидетельство о регистрации №2012620225 от 30.05.2012 [114].

Для обеспечения надежности, прочности и долговечности ударных систем технологического назначения применяют ряд некоторых требований [115, 116] к конструкциям соударяющихся тел:

1. Детали должны иметь по возможности простые геометрические формы с плавными переходами от одного сечения к другому. Сложные геометрические формы, кроме того, что они не технологичны, опасны по динамической прочности. Резкие переходы от одного сечения к другому вызывают локальные увеличения напряжения, обусловленные интерференцией прямых и отраженных волн, а это приводит к быстрому выходу деталей из строя.

2. Детали, нагруженные ударом, должны иметь большие запасы продольной устойчивости. Усилия, развиваемые при ударе, измеряются десятками тонн, и поэтому проверка соударяющихся тел на продольную устойчивость является необходимым этапом расчета ударной системы. Запасы продольной устойчивости должны быть очень большими еще и потому, что всегда существует радиальная составляющая удара из-за косого и нецентрального удара, которая вызывает поперечные колебания бойков и волноводов. Наличие поперечных колебаний соударяющихся тел, имеющих недостаточную поперечную жесткость, также является одной из основных причин задиров рабочих поверхностей этих деталей и усиленного износа.

Обратимся к проблеме рационального проектирования форм бойков ударных механизмов с точки зрение вышеперечисленных технологических требований и обеспечения максимального коэффициента передачи энергии импульса. Среди бойков, для которых процесс соударения с длинными стержнями описан аналитически, удвоенная амплитуда ударного импульса, по сравнению с цилиндрическим бойком равного с волноводом сечения, обеспечивается абсолютно жестким бойком, который физически можно представить в виде «шайбы» бесконечно большого диаметра и бесконечно малой длины. Анализ известных аналитических решений бойков [112] позволил установить, что ударник, формирующий ударный импульс рациональной формы, должен быть переменного поперечного сечения, площадь которого должна нарастать от ударного торца, т.к. при приближении диаметра неударного торца к диаметру ударного формы волн будут стремиться к прямоугольной. А образующая ударника должна быть вогнутой в сторону его продольной оси. На форму ударного импульса оказывает значительное влияние кривизна образующей боковой поверхности ударника, а, следовательно, и распределение объема в бойке по мере продвижения от ударного торца к неударному при условии равенства объемов сравниваемых бойков.

Разработанная на основе графоаналитического метода [117, 118] компьютерная программа «Анализ форм бойков ударных механизмов» [119] позволяет проводить численное исследование процесса формирования волновых ударных импульсов в стержневой системе «боёк – волновод». Расчетная схема принимается в соответствии с рисунком 2.1.1, согласно которому боёк представляется в виде тела вращения, боковая поверхность которого задается некоторой функцией в явном виде $y = f(x)$ или параметрически $\begin{cases} x = x(t), \\ y = y(t). \end{cases}$

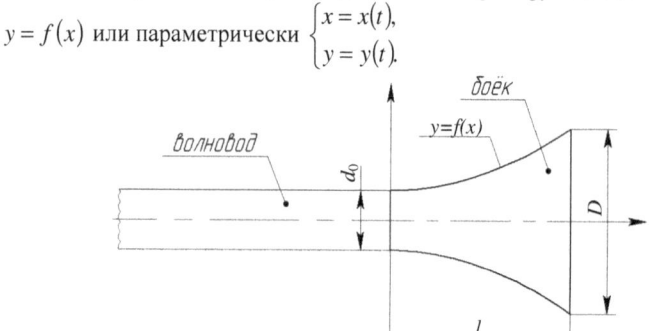

Рисунок 2.1.1 – Расчетная схема для определения ударного импульса

С использованием компьютерной программы выполнены расчеты ударных импульсов, генерируемых при ударе по волноводам бойками различных форм, удовлетворяющих вышеуказанным условиям. Для возможности сравнительного анализа в качестве исходного принят боёк цилиндрической формы с поперечным сечением, равным по диаметру сечению волновода. Исследование проводилось при условии равенства следующих параметров для всех бойков:
- масса бойка: $m = 3 кг$;
- материал соударяемых деталей: сталь с модулем упругости $E = 2,1 \cdot 10^5 МПа$, скорость звука в материале $a = 5 \cdot 10^3 м/с$;
- диаметр волновода: $d_0 = 32 мм$;
- предударная скорость бойка: $V_0 = 8 м/с$.

Результаты вычислений сведены в таблицу 2.1.2.

Таблица 2.1.2 – Результаты анализа различных форм бойков

Тип образующей бойка	1. Прямая – Цилиндрический боёк, равного с волноводом сечения
Уравнение образующей боковой поверхности	$y = 16$
Изображение	
3D модель	
Диаметр неударного торца, D, мм	16,0
$\dfrac{D}{d_0}$	1,0
Длина, l, мм	475,2
Форма ударного импульса, $F = f(t)$, кН (мкс)	
Максимальная амплитуда импульса, F_0, кН	132,55
$\dfrac{F_{max}}{F_0}$	1,0
Длительность первой волны, $t_{пв}$, мкс	190,1
Импульс силы за время t_0, p_0, кН·мкс	25194
$\dfrac{p}{p_0} \cdot 100$, %	100,0
Особенность ударного импульса	Прямоугольная форма

Продолжение таблицы 2.1.2

Тип образующей бойка	2. Прямая – Цилиндрический боёк, с сечением большим сечения волновода
Уравнение образующей боковой поверхности	$y = 48$
Изображение	
3D модель	
Диаметр неударного торца, D, мм	96,0
$\dfrac{D}{d_0}$	3,0
Длина, l, мм	52,8
Форма ударного импульса, $F = f(t)$, кН (мкс)	
Максимальная амплитуда импульса, F_{max}, кН	238,58
$\dfrac{F_{max}}{F_0}$	1,800
Длительность первой волны, $t_{пв}$, мкс	∞
Импульс силы за время t_0, p, кН·мкс	21812
$\dfrac{p}{p_0} \cdot 100$, %	86,6
Особенность ударного импульса	Экспоненциальная форма, бесконечная длительность, $\dfrac{F_{max}}{F_0} \to 2$, при $l \to 0$

26

Продолжение таблицы 2.1.2

Тип образующей бойка	3. Наклонная прямая – Конический
Уравнение образующей боковой поверхности	$y = 0,292x + 16$
Изображение	
3D модель	
Диаметр неударного торца, D, мм	96,0
$\dfrac{D}{d_0}$	3,0
Длина, l, мм	109,6
Форма ударного импульса, $F = f(t)$, кН (мкс)	
Максимальная амплитуда импульса, F_{max}, кН	246,94
$\dfrac{F_{max}}{F_0}$	1,863
Длительность первой волны, $t_{пв}$, мкс	43,8
Импульс силы за время t_0, p, кН·мкс	21987
$\dfrac{p}{p_0} \cdot 100$, %	87,3
Особенность ударного импульса	Нарастание амплитуды с убывающей интенсивностью

Тип образующей бойка	4. Гипербола – Гиперболический
Уравнение образующей боковой поверхности	$y = \dfrac{3801{,}28}{237{,}58 - x}$
Изображение	
3D модель	
Диаметр неударного торца, D, мм	96,0
$\dfrac{D}{d_0}$	3,0
Длина, l, мм	158,4
Форма ударного импульса, $F = f(t)$, кН (мкс)	
Максимальная амплитуда импульса, F_{max}, кН	257,10
$\dfrac{F_{max}}{F_0}$	1,940
Длительность первой волны, $t_{пв}$, мкс	63,3
Импульс силы за время t_0, p, кН·мкс	22230
$\dfrac{p}{p_0} \cdot 100, \%$	88,2
Особенность ударного импульса	$\dfrac{F_{max}}{F_0} = 2{,}327 = \max$ сравнению со всеми видами бойков при $\dfrac{D}{d_0} = 6{,}67$

Продолжение таблицы 2.1.2

Тип образующей бойка	5. Парабола квадратичная
Уравнение образующей боковой поверхности	$y = 0,0013915x^2 + 16$
Изображение	
3D модель	
Диаметр неударного торца, D, мм	96,0
$\dfrac{D}{d_0}$	3,0
Длина, l, мм	151,6
Форма ударного импульса, $F = f(t)$, кН (мкс)	
Максимальная амплитуда импульса, F_{max}, кН	252,86
$\dfrac{F_{max}}{F_0}$	1,908
Длительность первой волны, $t_{пв}$, мкс	60,6
Импульс силы за время t_0, p, кН·мкс	22255
$\dfrac{p}{p_0} \cdot 100, \%$	88,3
Особенность ударного импульса	$\dfrac{F_{max}}{F_0} = 2,06 = max$, при $\dfrac{D}{d_0} = 5,5$

Продолжение таблицы 2.1.2

Тип образующей бойка	6. Парабола квадратичная повернутая
Уравнение образующей боковой поверхности	$y = 70 - 0,5\sqrt{11664 - 125x}$
Изображение	
3D модель	
Диаметр неударного торца, D, мм	133,0
$\dfrac{D}{d_0}$	4,19
Длина, l, мм	93,0
Форма ударного импульса, $F = f(t)$, кН (мкс)	
Максимальная амплитуда импульса, F_{max}, кН	275,13
$\dfrac{F_{max}}{F_0}$	2,076
Длительность первой волны, $t_{пв}$, мкс	37,2
Импульс силы за время t_0, p, кН·мкс	21970
$\dfrac{p}{p_0} \cdot 100$, %	87,2
Особенность ударного импульса	Площадка нарастания интенсивности приближена к максимуму

Тип образующей бойка	7. Парабола кубическая
Уравнение образующей боковой поверхности	$y = \dfrac{x^3}{195000} + 16$
Изображение	
3D модель	
Диаметр неударного торца, D, мм	96,2
$\dfrac{D}{d_0}$	3,0
Длина, l, мм	184,3
Форма ударного импульса, $F = f(t)$, кН (мкс)	
Максимальная амплитуда импульса, F_{max}, кН	255,50
$\dfrac{F_{max}}{F_0}$	1,928
Длительность первой волны, $t_{пв}$, мкс	73,7
Импульс силы за время t_0, p, кН·мкс	22502
$\dfrac{p}{p_0} \cdot 100$, %	89,3
Особенность ударного импульса	$\dfrac{p}{p_0} = \max$ по сравнению со всеми видами бойков

Продолжение таблицы 2.1.2

Тип образующей бойка	8. Синусоида
Уравнение образующей боковой поверхности	$y = 16 \cdot \sin\left(\dfrac{x}{33.609} - \dfrac{\pi}{2}\right) + 32$
Изображение	
3D модель	
Диаметр неударного торца, D, мм	96,0
$\dfrac{D}{d_0}$	3,0
Длина, l, мм	105,6
Форма ударного импульса, $F = f(t)$, кН (мкс)	
Максимальная амплитуда импульса, F_{max}, кН	243,55
$\dfrac{F_{max}}{F_0}$	1,837
Длительность первой волны, $t_{пв}$, мкс	42,2
Импульс силы за время t_0, p, кН·мкс	22036
$\dfrac{p}{p_0} \cdot 100$, %	87,5
Особенность ударного импульса	$\dfrac{F_{max}}{F_0}$ не увеличивается при увеличении габаритов

Тип образующей бойка	9. Тангенсоида
Уравнение образующей боковой поверхности	$y = 30 \cdot tg\dfrac{x}{80} + 16$
Изображение	
3D модель	
Диаметр неударного торца, D, мм	134,4
$\dfrac{D}{d_0}$	4,2
Длина, l, мм	83,3
Форма ударного импульса, $F = f(t)$, кН (мкс)	
Максимальная амплитуда импульса, F_{max}, кН	271,57
$\dfrac{F_{max}}{F_0}$	2,049
Длительность первой волны, $t_{пв}$, мкс	33,3
Импульс силы за время t_0, p, кН·мкс	21944
$\dfrac{p}{p_0} \cdot 100$, %	87,1
Особенность ударного импульса	$\dfrac{F_{max}}{F_0} > 2$ при $\dfrac{D}{d_0} > 4$

33

Продолжение таблицы 2.1.2

Тип образующей бойка	10. Политропа квадратичная
Уравнение образующей боковой поверхности	$y = \dfrac{200000}{(x-200)^2} + 11$
Изображение	
3D модель	
Диаметр неударного торца, D, мм	127,5
$\dfrac{D}{d_0}$	4,0
Длина, l, мм	138,4
Форма ударного импульса, $F = f(t)$, кН (мкс)	
Максимальная амплитуда импульса, F_{max}, кН	282,46
$\dfrac{F_{max}}{F_0}$	2,131
Длительность первой волны, $t_{пв}$, мкс	55,4
Импульс силы за время t_0, p, кН·мкс	22221
$\dfrac{p}{p_0} \cdot 100$, %	88,2
Особенность ударного импульса	$\dfrac{p}{p_0} \cdot 100 = 88{,}0\%$ при $3 < \dfrac{D}{d_0} < 5$

Продолжение таблицы 2.1.2

Тип образующей бойка	11. Политропа кубическая
Уравнение образующей боковой поверхности	$y = -\dfrac{18000000}{(x-300)^3} + \dfrac{46}{3}$
Изображение	
3D модель	
Диаметр неударного торца, D, мм	111,4
$\dfrac{D}{d_0}$	3,48
Длина, l, мм	223,6
Форма ударного импульса, $F = f(t)$, кН (мкс)	
Максимальная амплитуда импульса, F_{max}, кН	274,96
$\dfrac{F_{max}}{F_0}$	2,074
Длительность первой волны, $t_{пв}$, мкс	90,4
Импульс силы за время t_0, p, кН·мкс	22770
$\dfrac{p}{p_0} \cdot 100$, %	90,4
Особенность ударного импульса	$\dfrac{F_{max}}{F_0} > 2$, $\dfrac{p}{p_0} \cdot 100 > 90\%$

Тип образующей бойка	12. Экспонента
Уравнение образующей боковой поверхности	$y = \dfrac{1}{2000} e^{\frac{x}{18}} + \dfrac{31999}{2000}$
Изображение	
3D модель	
Диаметр неударного торца, D, мм	152,9
$\dfrac{D}{d_0}$	4,78
Длина, l, мм	210,6
Форма ударного импульса, $F = f(t)$, кН (мкс)	
Максимальная амплитуда импульса, F_{max}, кН	290,18
$\dfrac{F_{max}}{F_0}$	2,189
Длительность первой волны, $t_{пв}$, мкс	84,3
Импульс силы за время t_0, p, кН·мкс	22953
$\dfrac{p}{p_0} \cdot 100$, %	91,1
Особенность ударного импульса	$\dfrac{F_{max}}{F_0} > 2$, $\dfrac{p}{p_0} \cdot 100 > 90\%$, наличие «площадки текучести» в начале первой волны

Продолжение таблицы 2.1.2

Тип образующей бойка	**13. Строфоида**
Уравнение образующей боковой поверхности	$y = -(x + 500)\sqrt{\dfrac{200 - x}{3400 + x}} + \dfrac{500}{\sqrt{17}} + 16$
Изображение	
3D модель	
Диаметр неударного торца, D, мм	101
$\dfrac{D}{d_0}$	3,16
Длина, l, мм	133,8
Форма ударного импульса, $F = f(t)$, кН (мкс)	
Максимальная амплитуда импульса, F_{max}, кН	257,15
$\dfrac{F_{max}}{F_0}$	1,940
Длительность первой волны, $t_{пв}$, мкс	53,5
Импульс силы за время t_0, p, кН·мкс	22136
$\dfrac{p}{p_0} \cdot 100$, %	87,9
Особенность ударного импульса	Амплитуда на переднем фронте нарастает по линейному закону, отклонение от линейности не превышает 2%

Продолжение таблицы 2.1.2

Тип образующей бойка	14. Циссоида Диокла
Уравнение образующей боковой поверхности	$y = \sqrt{\dfrac{x^3}{2400-x}} + 16$
Изображение	
3D модель	
Диаметр неударного торца, D, мм	96,1
$\dfrac{D}{d_0}$	3,0
Длина, l, мм	132,6
Форма ударного импульса, $F = f(t)$, кН (мкс)	
Максимальная амплитуда импульса, F_{max}, кН	250,80
$\dfrac{F_{max}}{F_0}$	1,892
Длительность первой волны, $t_{пв}$, мкс	53,0
Импульс силы за время t_0, p, кН·мкс	22125
$\dfrac{p}{p_0} \cdot 100$, %	87,8
Особенность ударного импульса	$\dfrac{p}{p_0} \cdot 100 \approx 87,5\%$ при любых размерах бойка

Продолжение таблицы 2.1.2

Тип образующей бойка	15. Декартов лист
Уравнение образующей боковой поверхности	$\begin{cases} x = \dfrac{800t}{1+t^3}; \\ y = \dfrac{800t^2}{1+t^3} + 16 \end{cases}$
Изображение	
3D модель	
Диаметр неударного торца, D, мм	94,3
$\dfrac{D}{d_0}$	2,95
Длина, l, мм	157,3
Форма ударного импульса, $F = f(t)$, кН (мкс)	
Максимальная амплитуда импульса, F_{max}, кН	251,78
$\dfrac{F_{max}}{F_0}$	1,900
Длительность первой волны, $t_{пв}$, мкс	62,9
Импульс силы за время t_0, p, кН·мкс	22412
$\dfrac{p}{p_0} \cdot 100$, %	89,0
Особенность ударного импульса	$\dfrac{p}{p_0} \cdot 100 \approx 88\%$ при $\dfrac{F_{max}}{F_0} > 2$

Тип образующей бойка	16. Верзьера Аньези
Уравнение образующей боковой поверхности	$$y = \frac{768^3}{768^2 - x^2} - 752$$
Изображение	
3D модель	
Диаметр неударного торца, D, мм	96,0
$\dfrac{D}{d_0}$	3,0
Длина, l, мм	153,6
Форма ударного импульса, $F = f(t)$, кН (мкс)	
Максимальная амплитуда импульса, F_{max}, кН	253,22
$\dfrac{F_{max}}{F_0}$	1,910
Длительность первой волны, $t_{пв}$, мкс	61,4
Импульс силы за время t_0, p, кН·мкс	22258
$\dfrac{p}{p_0} \cdot 100$, %	88,3
Особенность ударного импульса	$\dfrac{p}{p_0} \cdot 100 \approx 88\%$ при $\dfrac{F_{max}}{F_0} > 2$

Тип образующей бойка	17. Конходиа Никомеда
Уравнение образующей боковой поверхности	$y = \dfrac{x\sqrt{9500x - x^2}}{4750 - x} + 16$
Изображение	
3D модель	
Диаметр неударного торца, D, мм	96,0
$\dfrac{D}{d_0}$	3,0
Длина, l, мм	132,6
Форма ударного импульса, $F = f(t)$, кН (мкс)	
Максимальная амплитуда импульса, F_{max}, кН	250,67
$\dfrac{F_{max}}{F_0}$	1,891
Длительность первой волны, $t_{пв}$, мкс	53,0
Импульс силы за время t_0, p, кН·мкс	22124
$\dfrac{p}{p_0} \cdot 100$, %	87,8
Особенность ударного импульса	$\dfrac{p}{p_0} \cdot 100 \approx 86\%$ при $\dfrac{F_{max}}{F_0} > 2$

Тип образующей бойка	18. Улитка Паскаля – кардиоида
Уравнение образующей боковой поверхности	$\begin{cases} x = -\dfrac{600\sin t}{1+\cos t} + 260; \\ y = \dfrac{600\cos t}{1+\cos t} + 166 \end{cases}$
Изображение	
3D модель	
Диаметр неударного торца, D, мм	98,7
$\dfrac{D}{d_0}$	3,08
Длина, l, мм	152,6
Форма ударного импульса, $F = f(t)$, кН (мкс)	
Максимальная амплитуда импульса, F_{max}, кН	244,54
$\dfrac{F_{max}}{F_0}$	1,845
Длительность первой волны, $t_{пв}$, мкс	60,4
Импульс силы за время t_0, p, кН·мкс	22281
$\dfrac{p}{p_0} \cdot 100$, %	88,4
Особенность ударного импульса	При увеличении габаритов $\max\left(\dfrac{F_{max}}{F_0}\right) = 1,782$

Тип образующей бойка	19. Цепная линия – полукатеноид
Уравнение образующей боковой поверхности	$y = 16 \cdot ch\dfrac{x}{16}$
Изображение	
3D модель	
Диаметр неударного торца, D, мм	242
$\dfrac{D}{d_0}$	7,56
Длина, l, мм	43,4
Форма ударного импульса, $F = f(t)$, кН (мкс)	
Максимальная амплитуда импульса, F_{max}, кН	282,63
$\dfrac{F_{max}}{F_0}$	2,132
Длительность первой волны, $t_{пв}$, мкс	17,4
Импульс силы за время t_0, p, кН·мкс	21895
$\dfrac{p}{p_0} \cdot 100$, %	86,9
Особенность ударного импульса	Предельное максимальное значение $\dfrac{F_{max}}{F_0} = 2,132$ при $\dfrac{D_{неуд}}{D_{уд}} = 6,67$

Тип образующей бойка	20. Трактриса – псевдосфера
Уравнение образующей боковой поверхности	$\begin{cases} x = 73,23 \cdot \cos t + 73.23 \cdot \ln\left(tg\dfrac{t}{2}\right) + 89.8; \\ y = 73.23 \cdot \sin t \end{cases}$
Изображение	
3D модель	
Диаметр неударного торца, D, мм	146,5
$\dfrac{D}{d_0}$	4,56
Длина, l, мм	89,8
Форма ударного импульса, $F = f(t)$, кН (мкс)	
Максимальная амплитуда импульса, F_{max}, кН	281,2
$\dfrac{F_{max}}{F_0}$	2,121
Длительность первой волны, $t_{пв}$, мкс	35,9
Импульс силы за время t_0, p, кН·мкс	21978
$\dfrac{p}{p_0} \cdot 100$, %	87,2
Особенность ударного импульса	$\dfrac{F_{max}}{F_0} > 2$; амплитуда на переднем фронте нарастает по линейному закону, отклонение от линейности не превышает 1,5%

Тип образующей бойка	**21. Циклоида – брахистохрона**
Уравнение образующей боковой поверхности	$\begin{cases} x = 61 \cdot (t - \sin t) - 192; \\ y = 16 \cdot (\cos t - 1) + 48 \end{cases}$
Изображение	
3D модель	
Диаметр неударного торца, D, мм	96,0
$\dfrac{D}{d_0}$	3,0
Длина, l, мм	191,3
Форма ударного импульса, $F = f(t)$, кН (мкс)	
Максимальная амплитуда импульса, F_{max}, кН	256,95
$\dfrac{F_{max}}{F_0}$	1,939
Длительность первой волны, $t_{пв}$, мкс	76,5
Импульс силы за время t_0, p, кН·мкс	22565
$\dfrac{p}{p_0} \cdot 100$, %	89,6
Особенность ударного импульса	$\dfrac{p}{p_0} \cdot 100 \approx 90\%$ при $\dfrac{F_{max}}{F_0} < 2$, $\dfrac{F_{max}}{F_0} = 2$ при $\dfrac{D}{d_0} = 4$

Тип образующей бойка	22. Эвольвента
Уравнение образующей боковой поверхности	$\begin{cases} x = 61 \cdot (t - \sin t) - 192; \\ y = 16 \cdot (\cos t - 1) + 48 \end{cases}$
Изображение	
3D модель	
Диаметр неударного торца, D, мм	100,0
D / d_0	3,12
Длина, l, мм	145,6
Форма ударного импульса, $F = f(t)$, кН (мкс)	
Максимальная амплитуда импульса, F_{max}, кН	254,92
F_{max} / F_0	1,923
Длительность первой волны, $t_{пв}$, мкс	58,3
Импульс силы за время t_0, p, кН·мкс	22369
$\dfrac{p}{p_0} \cdot 100, \%$	88,8
Особенность ударного импульса	$\dfrac{F_{max}}{F_0} \to 2$ при $\dfrac{D}{d_0} > 4$

Найденные решения ударных импульсов, генерируемых бойками различных форм, положены в основу базы данных «Справочник аналитических решений ударных импульсов бойков, выполненных в форме тел вращения» в формате MS Access (Свидетельство №2013620699 от 13.06.2013) [120].

Основными параметрами, характеризующими рациональность ударного импульса, принятым в настоящей базе данных, являются:

– форма импульса;

– отношение величины максимальной амплитуды импульса к величине амплитуды импульса, генерируемой цилиндрическим бойком равного с волноводом сечения $\dfrac{F_{max}}{F_0}$;

– длительность первой волны $t_{пв}$, *мкс*;

– отношение импульса силы исследуемого бойка к импульсу силы цилиндрического бойка равного с волноводом сечения $\dfrac{p}{p_0} \cdot 100, \%$.

Сравнительный анализ (рисунок 2.1.2) полученных форм ударных импульсов позволил сделать следующие выводы.

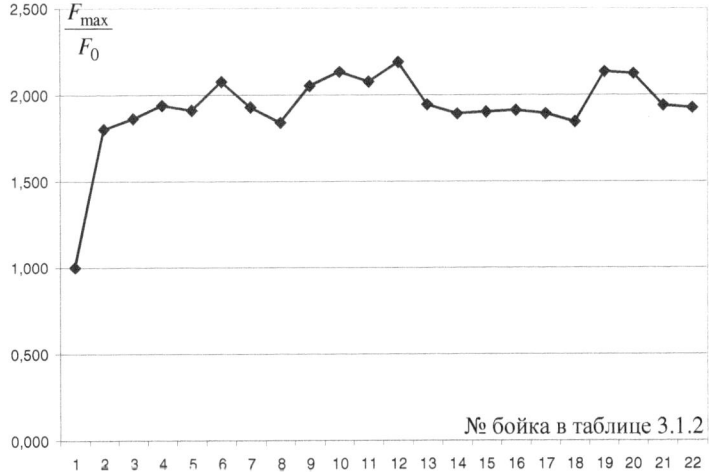

Рисунок 2.1.2 – График значений $\dfrac{F_{max}}{F_0}$ для исследуемых бойков

Значение отношения $\dfrac{F_{max}}{F_0}$ превышает 2,0 для бойков с образующими боковой поверхности следующих видов: парабола квадратичная повернутая; тангенсоида; политропа квадратичная; политропа кубическая; экспонента; цепная линия – полукатеноид; трактриса – псевдосфера.

Максимальное значение $\dfrac{F_{max}}{F_0} = 2{,}189$ соответствует ударнику, выполненному по экспоненте; минимальное 1,8 – цилиндрическому бойку с сечением, большим сечения волновода в 3 раза.

Значение отношения $\dfrac{p}{p_0} \cdot 100$ превышает 88,0% для бойков с образующими боковой поверхности следующих видов (рисунок 2.1.3): гипербола – гиперболический; парабола квадратичная; парабола кубическая; политропа квадратичная; политропа кубическая; экспонента; Декартов лист; верзьера Аньези; улитка Паскаля – кардиоида; циклоида – брахистохрона; эвольвента.

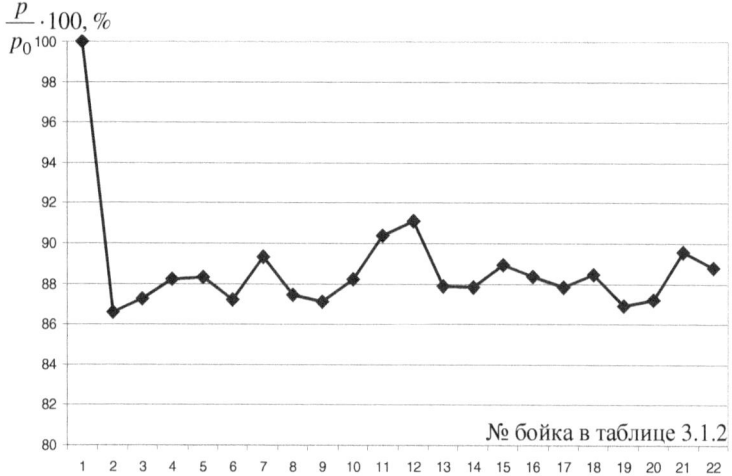

Рисунок 2.1.3 – График значений $\dfrac{p}{p_0} \cdot 100$ для исследуемых бойков

Максимальное значение $\dfrac{p}{p_0} \cdot 100 = 91,1\%$ соответствует ударнику, выполненному по экспоненте; минимальное 86,6% – цилиндрическому бойку с сечением, большим сечения волновода в 3 раза. Однако, не смотря на указанные преимущества, экспоненциальный боёк генерирует ударный импульс со значительной по длительности «площадкой текучести» на переднем фронте и дальнейшем интенсивном нарастании амплитуды, что может обусловить его непригодность для практики.

Следующим по достижению максимального значения $\dfrac{F_{\max}}{F_0} = 2{,}132$ является ударник с образующей, выполненной по цепной линии – катене. Для такого бойка $\dfrac{p}{p_0} \cdot 100 = 86{,}9\%$. А следующим по достижению максимального значения $\dfrac{p}{p_0} \cdot 100 = 90{,}4\%$ является боёк, образованный по кубической политропе, однако длительность первой волны импульса от такого бойка составляет 89,5*мкс* (рисунок 2.1.4), что не позволяет эффективно использовать энергию удара бойка и может привести к возникновению вибраций машины, превышающих допустимые нормы, в силу наложения второй волны импульса на первую раньше её истечения.

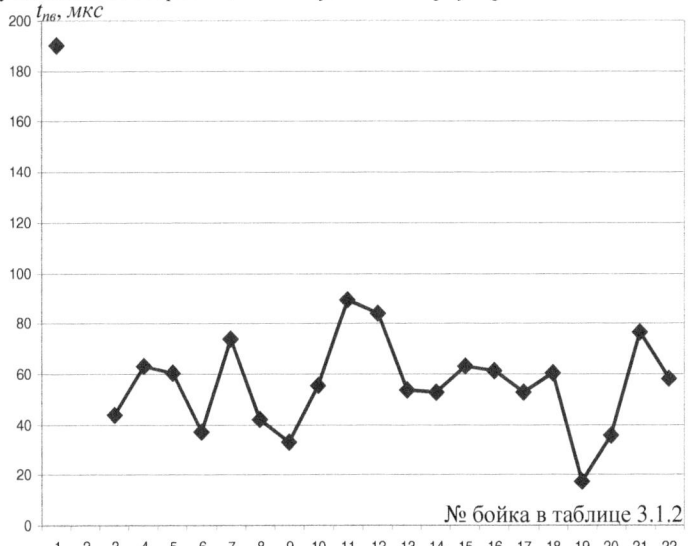

Рисунок 2.1.4 – Длительность первой волны импульса исследуемых бойков

Среди найденных решений уникальными по форме ударными импульсами обладают бойки, образованные с использованием следующих кривых:

– наклонная прямая: конический боёк, исследованный И.Д. Шапошниковым [8, 121-123], генерирует ударный импульс с нарастающей амплитудой с убывающей интенсивностью и обладает одним из главных преимуществ по сравнению со всеми другими бойками – простотой геометрической формы;

– гипербола: для гиперболического бойка, разработанного Мясниковым А.А. [92, 124, 125], $\dfrac{F_{\max}}{F_0} = 2,327 = \max$ по сравнению со всеми видами бойков при $\dfrac{D}{d_0} = 6,67$;

– цепная линия: полукатеноидальный боёк генерирует импульс с предельным максимальным значением $\dfrac{F_{\max}}{F_0} = 2,132$ при $\dfrac{D_{неуд}}{D_{уд}} = 6,67$; с минимальным временем первой волны 17,4*мкс*;

– трактриса: для псевдосферического ударника, разработанного Федотовым Г.В. [98, 126], $\dfrac{F_{max}}{F_0} > 2$, амплитуда на переднем фронте нарастает по линейному закону, отклонение от линейности не превышает 1,5%.

Таким образом, можно констатировать, что наиболее рациональными с точки зрения эффективности использования энергии удара и простоты геометрии являются бойки конический, гиперболический, полукатеноидальный и псевдосферический, из которых абсолютно неисследованным является полукатеноидальный.

2.2 Разработка и исследование цилиндроконических бойков

Известно также [123], что конический боёк генерирует в волноводе ударный импульс экспоненциальной формы, амплитуда которого нарастает с течением времени. Недостатком таких бойков является невозможность их встраивания в корпус ударных механизмов, так как они не содержат поршневой ступени, способной обеспечить им устойчивое положение в корпусе.

В настоящей работе поставлена и решена задача разработки такого бойка, который, имея устойчивое положение в корпусе ударных механизмов, генерировал бы ударный импульс экспоненциальной формы, амплитуда которого нарастает с течением времени.

Сущность решения заключается в том, что боёк ударного механизма содержит цилиндрическую поршневую и коническую ударную части, переход между которыми выполнен по дуге окружности малого радиуса, причем длины частей подобраны таким образом, что центр тяжести бойка находится в цилиндрической поршневой части, обеспечивая ему тем самым устойчивое положение в корпусе ударного механизма.

Предлагаемый боёк (рисунок 2.2.1) содержит коническую ударную часть 1 и цилиндрическую поршневую часть 2, переход между которыми выполнен по дуге окружности 3. Работает ударник следующим образом. На торцевую поверхность поршневой части 2 воздействует сжатый воздух или жидкость, в результате чего боёк устремляется вправо и наносит удар по волноводу. Энергия, запасенная бойком, передается волноводу в виде упругой волны. В силу того, что ударная часть бойка выполнена в виде усеченного конуса, боёк генерирует волновой импульс экспоненциальной формы, амплитуда которого нарастает с течением времени. При этом длины частей бойка подобраны таким образом, что центр тяжести бойка находится в цилиндрической поршневой части, обеспечивая ему тем самым устойчивое положение в корпусе ударного механизма.

Покажем условие подбора длин цилиндрической и конической частей бойка.

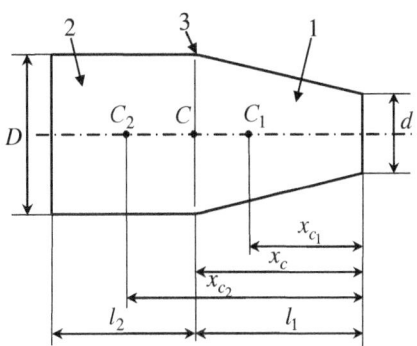

Рисунок 2.2.1 – Цилиндроконический боёк

В силу малости радиуса дуги окружности, по которой осуществляется переход между конической и цилиндрической частями, можно считать, что боёк состоит только из ударной части, выполненной в виде усеченного конуса, и поршневой части, выполненной в виде цилиндра. Тогда объем бойка цилиндроконического находится как сумма объемов конической ударной части V_1, и поршневой цилиндрической части V_2:

$$V = V_1 + V_2 = \frac{\pi l_1 (D^2 + d^2 + Dd)}{12} + \frac{\pi D^2 l_2}{4}, \qquad (2.2.1)$$

где d – диаметр ударного торца; D – диаметр неударного торца; l_1 – длина конической ударной части; l_2 – длина цилиндрической поршневой части.

Тогда

$$V = \frac{\pi l_1 (D^2 + d^2 + Dd)}{12} + \frac{\pi D^2 l_2}{4}. \qquad (2.2.2)$$

Координата x_{C_1} центра тяжести ударной части бойка, выполненной в виде усеченного конуса, определяется по формуле

$$x_{C_1} = l_1 - \frac{l_1(D^2 + 2Dd + 3d^2)}{4(D^2 + d^2 + Dd)} = \frac{l_1(3D^2 + 2Dd + d^2)}{4(D^2 + d^2 + Dd)}. \qquad (2.2.3)$$

Координата x_{C_2} центра тяжести цилиндрической поршневой части бойка находится как

$$x_{C_2} = l_1 + \frac{l_2}{2}. \qquad (2.2.4)$$

Центр тяжести бойка цилиндроконического находится как

$$x_C = \frac{x_{C_1} V_1 + x_{C_2} V_2}{V_1 + V_2} = \frac{\dfrac{\left(\dfrac{l_1(3D^2 + 2Dd + d^2)}{4(D^2 + d^2 + Dd)}\right)\pi l_1 (D^2 + d^2 + Dd)}{12} + \dfrac{(l_1 + \dfrac{l_2}{2})l_2 \pi D^2}{8}}{\dfrac{\pi l_1(D^2 + d^2 + Dd)}{12} + \dfrac{\pi D^2 l_2}{4}}. $$

$$(2.2.5)$$

Для обеспечения условия расположения центра тяжести бойка в цилиндрической поршневой части, необходимо, чтобы выполнялось неравенство $x_C \geq l_1$, или

$$l_1 \leq \frac{\dfrac{\left(\dfrac{l_1(3D^2 + 2Dd + d^2)}{4(D^2 + d^2 + Dd)}\right)\pi l_1 (D^2 + d^2 + Dd)}{12} + \dfrac{(l_1 + \dfrac{l_2}{2})l_2 \pi D^2}{8}}{\dfrac{\pi l_1(D^2 + d^2 + Dd)}{12} + \dfrac{\pi D^2 l_2}{4}}. $$

$$(2.2.6)$$

Или, после математических преобразований

$$\frac{l_1}{l_2} \leq \sqrt{\frac{6D^2}{D^2 + 2Dd + 3d^2}}. \qquad (2.2.7)$$

Таким образом, боёк, содержащий коническую ударную и цилиндрическую поршневую части, соотношение длин которых определяется согласно условию (2.2.7), будет иметь центр тяжести в цилиндрической поршневой части, что обеспечит ему устойчивое положение в корпусе ударного механизма.

С целью реализации возможности автоматизированного расчета и моделирования цилиндроконических бойков в САПР T-Flex создана программа (рисунок 2.2.2), позволяющая определять геометрические размеры бойка согласно условию (2.2.7). Исходными данным в программе являются масса, плотность материала бойка, диаметр ударного торца и соотношение D/d. В результате расчета строиться трехмерная твердотельная модель бойка, определяется место нахождения его центра тяжести и проверяется условие обеспечения устойчивого положения в корпусе ударного механизма.

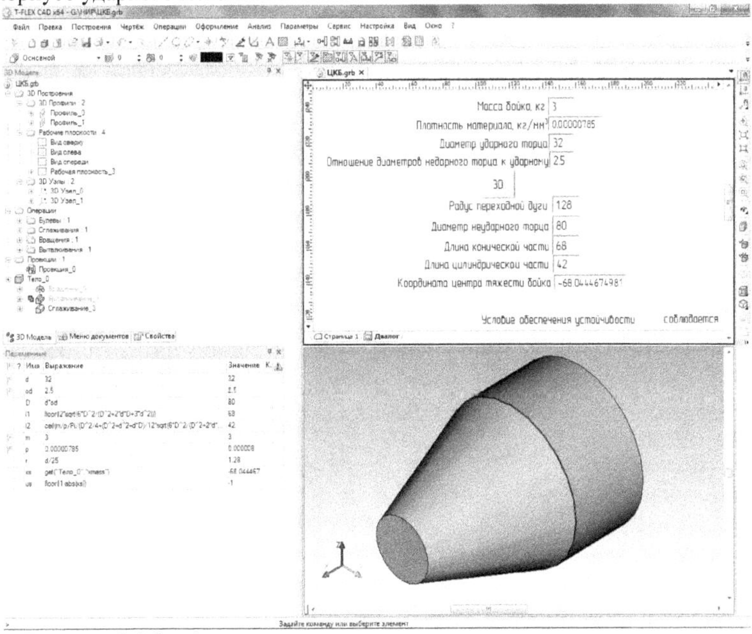

Рисунок 2.2.2 – Автоматизация моделирования цилиндроконических бойков

Практический анализ конструкций цилиндроконических бойков, построенных в соответствии с условием (2.2.7), показал, что создание таких бойков, в которых длины ступеней задаются исходя из правила «золотого сечения» $\dfrac{l_1}{l_2} = 1{,}618$, обеспечит расположение центра масс в цилиндрической части.

Правило «золотого сечения» во все времена использовалось в искусстве, кинематографе, строительстве, механике. Термин «золотое сечение» был введен в обиход в 1835 году Мартином Омом. Число 1,618 впервые было открыто средневековым математиком Леонардо Пизанским, известным как Фибоначчи. В 1202 году в его «Книге Абака», появляется особая последовательность чисел – 1, 1, 2, 3, 5, 8, 13, 21 и т.д., названная в последствии числами Фибоначчи [127]. Уникальность этого ряда заключается в том, что отношение каждого последующего числа к предыдущему – есть величина постоянная. Лука Пачоли, современник и друг Леонарда да Винчи, называл это отношение «божественной пропорцией».

Таким образом, установлено, что применение правила «золотого сечения» для создания цилиндроконических бойков [128-131] вполне целесообразно и позволяет существенно упростить подбор геометрических параметров бойка.

Решение задачи о нахождении формы ударного импульса в стержне, генерируемого при ударе по нему цилиндроконическим бойком, осуществляется с посредством компьютерной программы «Анализ форм бойков ударных механизмов». Анализ формы найденного ударного импульса (рисунок 2.2.3), показывает, что:

– амплитуда импульса на переднем фронте нарастает до максимального значения в течение времени, соответствующего удвоенной длине конической части бойка;

– максимальное значение амплитуды импульса превышает значение амплитуды импульса, генерируемого бойком равного со штангой сечения в 1,756 раз при соотношении $D/d = 2{,}5$;

– после максимума в течение времени, соответствующего удвоенной длине цилиндрической части бойка, амплитуда импульса незначительно уменьшается (до 5%).

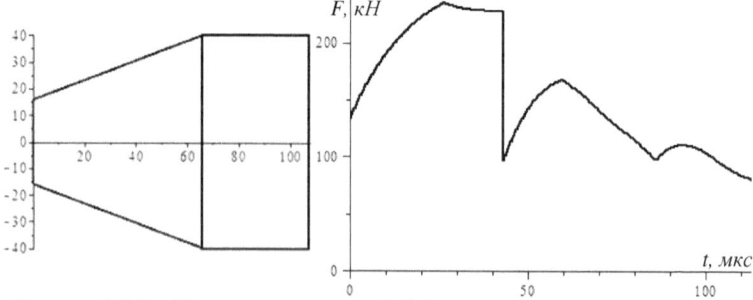

Рисунок 2.2.3 – Цилиндроконический боёк и генерируемый им ударный импульс

В таблице 2.2.1 приведены сравниваемые параметры ударных импульсов, генерируемых в волноводе при ударе по нему коническим и цилиндроконическим бойками. Из таблицы очевидно, что наличие цилиндрической ступени вносит существенные изменения в форму ударного импульса, генерируемого коническим бойком, лишь по времени прохождения первой волны импульса, сокращая длительность примерно на 40%, что позволяет более эффективно управлять запасенной перед ударом энергией бойка.

Таблица 2.2.1 – Сравнительный анализ импульсов конического и цилиндроконического бойков

Форма бойка		Конический	Цилиндро-конический
Параметры бойка и ударного импульса	**Обозначение и размерность**		
Масса бойка	m, кг	3	3
Диаметр ударного торца	d, мм	32	32
Диаметр неударного торца	D, мм	80	80
Отношение диаметров	D/d	2,5	2,5
Длительность первой волны	$t_{пв}$, мкс	58,5	43,1
Максимальная амплитуда	F_{max}, кН	235,24	235,19
Отношение величины максимальной амплитуды импульса к величине амплитуды импульса, генерируемой цилиндрическим бойком равного с волноводом сечения	$\dfrac{F_{max}}{F_0}$	1,775	1,748
Импульс силы за время t_0	p, кН·мкс	22095	21950
Отношение импульса силы исследуемого бойка к импульсу силы цилиндрического бойка равного с волноводом сечения	$\dfrac{p}{p_0} \cdot 100$, %	87,7	87,1

Можно сделать вывод, что основное влияние на форму первой волны ударного импульса, генерируемого цилиндроконическим бойком, оказывает коническая часть, а наличие цилиндрической части позволяет беспрепятственно встраивать такие бойки в корпуса реальных ударных механизмов.

На разработанный ударник в 2013 году получен патент на изобретение (№2484943) [1132].

2.3 Разработка универсальной конструкции полукатеноидального бойка ударной системы

2.3.1 Полукатеноид вращения

В п. 2.1 показано, что одним из наиболее рациональных с точки зрения эффективности использования энергии удара является полукатеноидальный боёк, на том основании, что при ударе по волноводу генерирует в нём импульс такой формы, при которой его амплитуда начинается с некоторого определенного значения и возрастает с интенсивностью, соответствующей интенсивности роста сопротивляемости обрабатываемой среды внедрению.

В качестве бойка, генерирующего оптимальный по форме ударный импульс, рационально принять *катеноид вращения*, который, благодаря следующему своему свойству, является уникальным в своем роде: любой кусок катеноида (рисунок 2.3.1.1) по площади меньше, чем всякая другая поверхность, ограниченная тем же контуром. Это свойство катеноида было найдено в 1776 году выдающимся французским математиком, инженером и полководцем Ж. Мёнье (Мёнье (Meusnier) Жан Батист Мари Шарль (19.06.1754, Тур – 17.06.1793, Майнц), французский математик, член Парижской АН (1784), генерал; известен главным образом своими исследованиями по дифференциальной геометрии; изучал свойства кривизн плоских сечений поверхности) [133, 134]. Тем же свойством обладает целый класс поверхностей. Но среди поверхностей вращения катеноид является единственной поверхностью этого класса. В таком ударнике образующей является цепная линия – катена, описываемая в прямоугольной системе координат уравнением [133-138]

$$y = \frac{a}{2}\left(e^{\frac{x}{a}} + e^{-\frac{x}{a}}\right) = a \cdot ch\frac{x}{a}, \qquad (2.3.1.1)$$

где a – параметр катены.

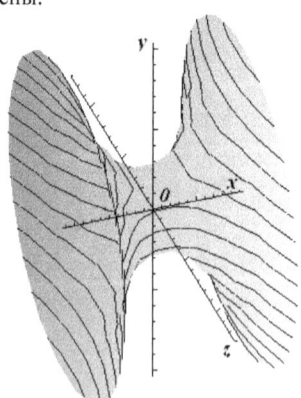

Рисунок 2.3.1.1 – Катеноид вращения

2.3.2 Доказательство применимости аналитического метода исследования машин ударного действия с применением дифференциальных уравнений волновой теории удара

Рассмотрим процесс формирования ударного импульса в полубесконечном стержне постоянного поперечного сечения бойком, имеющим полукатеноидальную форму [139, 140], с идеально плоскими торцами (рисунок 3.3.2.1).

Систему координат принимаем таким образом, что ее начало совпадает с местом соударения бойка и стержня. Тогда неударный торец бойка будет иметь координату $x = L$.

Полукатеноидальный боёк есть тело вращения, в котором образующей является цепная линия (катена), описываемая уравнением (2.3.1.1).

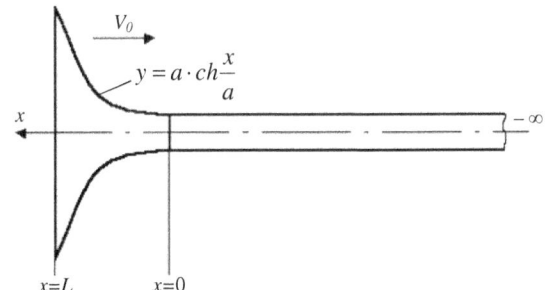

Рисунок 2.3.2.1 – Удар полукатеноидальным бойком по полубесконечному стержню

Площадь сечения бойка в координате x

$$S(x) = \pi \cdot y^2(x) = \pi \cdot a^2 \cdot ch^2 \frac{x}{a}. \qquad (2.3.2.1)$$

Площадь ударного торца бойка равна площади поперечного сечения стержня

$$S_0 = S(0) = \pi a^2. \qquad (2.3.2.2)$$

Предполагаем применимость всех допущений, принятых в одномерной волновой теории удара, теории Сен-Венана.

Уравнения движения сечений при продольном ударе следующие:
– для бойка

$$\frac{\partial^2 w(x,\tau)}{\partial x^2} - \frac{1}{S(x)} \cdot \frac{dS(x)}{dx} \cdot \frac{\partial w(x,\tau)}{\partial x} - \frac{\partial^2 w(x,\tau)}{\partial \tau^2} = 0, \qquad (2.3.2.3)$$

– для стержня

$$\frac{\partial^2 u(x,\tau)}{\partial x^2} - \frac{\partial^2 u(x,\tau)}{\partial \tau^2} = 0, \qquad (2.3.2.4)$$

где w, u – смещение сечений бойка и стержня соответственно;

$S(x)$ – площадь поперечного сечения бойка;
$$\tau = ct, \qquad (2.3.2.5)$$
где t – время,

$c = \sqrt{\dfrac{E}{\gamma}}$ – скорость распространения волны в стержне с модулем

упругости E и плотностью γ.

С учетом, что

$$\frac{1}{S(x)} \cdot \frac{dS(x)}{dx} = \frac{1}{S_0 ch^2 \dfrac{x}{a}} \cdot \frac{d\left(S_0 ch^2 \dfrac{x}{a}\right)}{dx} = \frac{2}{a} \cdot \frac{sh\dfrac{x}{a}}{ch\dfrac{x}{a}} = \frac{2}{a} th\frac{x}{a}, \quad (2.3.2.6)$$

уравнение (2.3.2.3) примет вид

$$\frac{\partial^2 w(x,\tau)}{\partial x^2} - \frac{2}{a} th\frac{x}{a} \cdot \frac{\partial w(x,\tau)}{\partial x} - \frac{\partial^2 w(x,\tau)}{\partial \tau^2} = 0, \qquad (2.3.2.7)$$

Начальные условия будут следующие:

– в момент начала взаимодействия смещения сечений бойка и стержня будут равны нулю

$$w(x,0) = 0, \quad u(x,0) = 0, \qquad (2.3.2.8)$$

– скорость смещения, определяемая частной производной по времени, для бойка будет равна его предударной скорости, а для стержня будет равна нулю

$$\frac{\partial w(x,0)}{\partial \tau} = \frac{V_0}{c}, \quad \frac{\partial u(x,0)}{\partial \tau} = 0. \qquad (2.3.2.9)$$

Граничные условия, определяющие состояние концов бойка и стержня:

– в процессе взаимодействия смещения на границе бойка и стержня равны

$$w(0,\tau) = u(0,\tau); \qquad (2.3.2.10)$$

– в процессе взаимодействия силы взаимодействия на границе бойка и стержня равны

$$S(0)\frac{\partial w(0,\tau)}{\partial x} = S_0 \frac{\partial u(0,\tau)}{\partial x}; \quad \frac{\partial w(0,\tau)}{\partial x} = \frac{\partial u(0,\tau)}{\partial x}; \qquad (2.3.2.11)$$

– неударный торец бойка свободен от деформаций

$$\frac{\partial w(L,\tau)}{\partial x} = 0; \qquad (2.3.2.12)$$

– т.к. стержень полубесконечный, то в удаленных от ударного сечениях стержня деформации отсутствуют

$$\lim_{x \to -\infty} \frac{\partial u(x,\tau)}{\partial x} = 0. \qquad (2.3.5.13)$$

Для решения системы дифференциальных уравнений гиперболического типа в частных производных второго порядка (2.3.2.6) и (2.3.2.4) используется метод операционного исчисления, в основе которого лежит интегральное преобразование Лапласа [141-145] с параметром p по переменной τ. В области изображений система дифференциальных уравнений (2.3.2.6) и (2.3.2.4) принимает вид

$$\frac{d^2 w(x,p)}{d\,x^2} + \frac{2}{a}th\frac{x}{a}\frac{d\,w(x,p)}{d\,x} - p^2\,w(x,p) + p\,w(x,0) + \frac{\partial\,w(x,0)}{\partial\tau} = 0\,; \quad (2.3.2.14)$$

$$\frac{d^2 u(x,p)}{d\,x^2} - p^2\,u(x,p) + p\,u(x,0) + \frac{\partial u(x,0)}{\partial\tau} = 0. \quad (2.3.2.15)$$

С учетом начальных условий (2.3.2.8), (2.3.2.9) система примет вид

$$\frac{d^2 w(x,p)}{d\,x^2} + \frac{2}{a}th\frac{x}{a}\frac{d\,w(x,p)}{d\,x} - p^2\,w(x,p) = -\frac{V_0}{c}\,; \quad (2.3.2.16)$$

$$\frac{d^2 u(x,p)}{d\,x^2} - p^2\,u(x,p) = 0. \quad (2.3.5.17)$$

Граничные условия в области изображений будут следующими:

$$w(0,p) = u(0,p)\,; \quad (2.3.5.18)$$

$$\frac{d\,w(0,p)}{d\,x} = \frac{d\,u(0,p)}{d\,x}\,; \quad (2.3.2.19)$$

$$\frac{d\,w(L,p)}{d\,x} = 0\,; \quad (2.3.2.20)$$

$$\lim_{x\to-\infty}\frac{d\,u(x,p)}{d\,x} = 0. \quad (2.3.2.21)$$

Уравнение смещения сечений для бойка в области изображений

$$\frac{d^2 w(x,p)}{d\,x^2} + \frac{2}{a}th\frac{x}{a}\frac{d\,w(x,p)}{d\,x} - p^2\,w(x,p) = -\frac{V_0}{c}. \quad (2.3.2.22)$$

Вводится новая функция

$$w(x,p) = \frac{z(x,p)}{ch\dfrac{x}{a}}. \quad (2.3.2.23)$$

Тогда

$$\frac{d\,w(x,p)}{d\,x} = \frac{1}{ch\dfrac{x}{a}}\frac{d\,z(x,p)}{d\,x} - \frac{sh\dfrac{x}{a}\cdot z(x,p)}{a\cdot ch^2\dfrac{x}{a}}\,; \quad (2.3.2.24)$$

$$\frac{d^2 w(x,p)}{dx^2} = \frac{1}{ch\dfrac{x}{a}}\frac{d^2 z(x,p)}{dx^2} - 2\frac{sh\dfrac{x}{a}}{a\cdot ch^2\dfrac{x}{a}}\frac{dz(x,p)}{dx} + z(x,p)\left(2\frac{sh^2\dfrac{x}{a}}{a^2 ch^3\dfrac{x}{a}} - \frac{1}{a^2 ch\dfrac{x}{a}}\right).$$

$$(2.3.2.25)$$

С учетом полученных выражений (2.3.2.24) и (2.3.2.25) уравнение (2.3.2.22) примет вид

$$\frac{1}{ch\dfrac{x}{a}}\frac{d^2z(x,p)}{dx^2} - 2\frac{sh\dfrac{x}{a}}{a\cdot ch^2\dfrac{x}{a}}\frac{dz(x,p)}{dx} + z(x,p)\left(2\frac{sh^2\dfrac{x}{a}}{a^2ch^3\dfrac{x}{a}} - \frac{1}{a^2ch\dfrac{x}{a}}\right) +$$

$$+\frac{2}{a}\frac{sh\dfrac{x}{a}}{ch^2\dfrac{x}{a}}\frac{dz(x,p)}{dx} - \frac{2}{a^2}\frac{sh^2\dfrac{x}{a}}{ch^3\dfrac{x}{a}}z(x,p) - p^2\frac{z(x,p)}{ch\dfrac{x}{a}} = -\frac{V_0}{c};$$

$$\frac{d^2z(x,p)}{dx^2} - \frac{1}{a^2}\left(1 + p^2a^2\right)z(x,p) = -\frac{V_0ch\dfrac{x}{a}}{c}. \qquad (2.3.2.26)$$

Соответствующее однородное уравнение имеет вид

$$\frac{d^2z(x,p)}{dx^2} - \frac{1}{a^2}\left(1 + p^2a^2\right)z(x,p) = 0, \qquad (2.3.2.27)$$

решение которого

$$z(x,p) = A_1 e^{\frac{x}{a}\sqrt{1+p^2a^2}} + A_2 e^{-\frac{x}{a}\sqrt{1+p^2a^2}}, \qquad (2.3.2.28)$$

где A_1, A_2 – некоторые постоянные.

Решение неоднородного исходного уравнения ищется методом вариации произвольных постоянных Лагранжа в решении соответствующего однородного уравнения, т.е. постоянные рассматриваются как функции:

$$z(x,p) = A_1(x)e^{\frac{x}{a}\sqrt{1+p^2a^2}} + A_2(x)e^{-\frac{x}{a}\sqrt{1+p^2a^2}}. \qquad (2.3.2.29)$$

Для определения функций $A_1(x)$ и $A_2(x)$ уравнение (2.3.2.29) подставляется в соответствующее неоднородное уравнение.

Первая производная определяется как:

$$\frac{dz(x,p)}{dx} = \frac{dA_1(x)}{dx}e^{\frac{x}{a}\sqrt{1+p^2a^2}} + A_1(x)\cdot\frac{1}{a}\sqrt{1+p^2a^2}\cdot e^{\frac{x}{a}\sqrt{1+p^2a^2}} +$$

$$+\frac{dA_2(x)}{dx}e^{-\frac{x}{a}\sqrt{1+p^2a^2}} - A_2(x)\cdot\frac{1}{a}\sqrt{1+p^2a^2}\cdot e^{-\frac{x}{a}\sqrt{1+p^2a^2}}.$$

$$(2.3.2.30)$$

Т.к. искомых функций две, то можно принять дополнительное условие

$$\frac{dA_1(x)}{dx}e^{\frac{x}{a}\sqrt{1+p^2a^2}} + \frac{dA_2(x)}{dx}e^{-\frac{x}{a}\sqrt{1+p^2a^2}} = 0. \qquad (2.3.2.31)$$

Тогда

$$\frac{dz(x,p)}{dx} = A_1(x)\cdot\frac{1}{a}\sqrt{1+p^2a^2}\cdot e^{\frac{x}{a}\sqrt{1+p^2a^2}} - A_2(x)\cdot\frac{1}{a}\sqrt{1+p^2a^2}\cdot e^{-\frac{x}{a}\sqrt{1+p^2a^2}};$$

$$(2.3.2.32)$$

$$\frac{d^2 z(x,p)}{dx^2} = \frac{dA_1(x)}{dx}\frac{1}{a}\sqrt{1+p^2a^2}\cdot e^{\frac{x}{a}\sqrt{1+p^2a^2}} + A_1(x)\cdot\frac{1}{a^2}\left(1+p^2a^2\right)\cdot e^{\frac{x}{a}\sqrt{1+p^2a^2}} -$$

$$-\frac{dA_2(x)}{dx}\frac{1}{a}\sqrt{1+p^2a^2}\cdot e^{-\frac{x}{a}\sqrt{1+p^2a^2}} + A_2(x)\cdot\frac{1}{a^2}\left(1+p^2a^2\right)\cdot e^{-\frac{x}{a}\sqrt{1+p^2a^2}}.$$

(2.3.2.33)

Полученные выражения (2.3.2.32) и (2.3.2.33) подставляются в неоднородное уравнение

$$\frac{dA_1(x)}{dx}\frac{1}{a}\sqrt{1+p^2a^2}\cdot e^{\frac{x}{a}\sqrt{1+p^2a^2}} + A_1(x)\cdot\frac{1}{a^2}\left(1+p^2a^2\right)\cdot e^{\frac{x}{a}\sqrt{1+p^2a^2}} -$$

$$-\frac{dA_2(x)}{dx}\frac{1}{a}\sqrt{1+p^2a^2}\cdot e^{-\frac{x}{a}\sqrt{1+p^2a^2}} + A_2(x)\cdot\frac{1}{a^2}\left(1+p^2a^2\right)\cdot e^{-\frac{x}{a}\sqrt{1+p^2a^2}} -$$

$$-\frac{1}{a^2}\left(1+p^2a^2\right)\left(A_1(x)e^{\frac{x}{a}\sqrt{1+p^2a^2}} + A_2(x)e^{-\frac{x}{a}\sqrt{1+p^2a^2}}\right) = -\frac{V_0 ch\dfrac{x}{a}}{c};$$

$$\frac{dA_1(x)}{dx}\frac{1}{a}\sqrt{1+p^2a^2}\cdot e^{\frac{x}{a}\sqrt{1+p^2a^2}} - \frac{dA_2(x)}{dx}\frac{1}{a}\sqrt{1+p^2a^2}\cdot e^{-\frac{x}{a}\sqrt{1+p^2a^2}} = -\frac{V_0 ch\dfrac{x}{a}}{c}.$$

(2.3.2.34)

Уравнения (2.3.2.31) и (2.3.2.34) образуют систему

$$\frac{dA_1(x)}{dx}e^{\frac{x}{a}\sqrt{1+p^2a^2}} + \frac{dA_2(x)}{dx}e^{-\frac{x}{a}\sqrt{1+p^2a^2}} = 0;$$

$$\frac{dA_1(x)}{dx}\frac{1}{a}\sqrt{1+p^2a^2}\cdot e^{\frac{x}{a}\sqrt{1+p^2a^2}} - \frac{dA_2(x)}{dx}\frac{1}{a}\sqrt{1+p^2a^2}\cdot e^{-\frac{x}{a}\sqrt{1+p^2a^2}} = -\frac{V_0 ch\dfrac{x}{a}}{c};$$

из которой определяются производные искомых функций

$$\frac{dA_1(x)}{dx} = -\frac{a}{2}\frac{V_0 ch\dfrac{x}{a}e^{-\frac{x}{a}\sqrt{1+p^2a^2}}}{c\sqrt{1+p^2a^2}};$$

(2.3.2.35)

$$\frac{dA_2(x)}{dx} = \frac{a}{2}\frac{V_0 ch\dfrac{x}{a}e^{\frac{x}{a}\sqrt{1+p^2a^2}}}{c\sqrt{1+p^2a^2}}.$$

(2.3.2.36)

Искомые функции определятся как

$$A_1(x) = -\frac{a}{2}\frac{V_0}{c\sqrt{1+p^2a^2}}\int ch\frac{x}{a}e^{-\frac{x}{a}\sqrt{1+p^2a^2}}\,dx;$$

(2.3.2.37)

$$A_2(x) = \frac{a}{2}\frac{V_0}{c\sqrt{1+p^2a^2}}\int ch\frac{x}{a}e^{\frac{x}{a}\sqrt{1+p^2a^2}}\,dx.$$

(2.3.2.38)

С использованием математического пакета Maple были найдены интегралы

$$\int ch\frac{x}{a} e^{-\frac{x}{a}\sqrt{1+p^2a^2}}\,dx = -\frac{1}{ap^2} e^{-\frac{x}{a}\sqrt{1+p^2a^2}}\left(sh\frac{x}{a} + \sqrt{1+p^2a^2}\cdot ch\frac{x}{a}\right);$$

$$\int ch\frac{x}{a} e^{\frac{x}{a}\sqrt{1+p^2a^2}}\,dx = -\frac{1}{ap^2} e^{-\frac{x}{a}\sqrt{1+p^2a^2}}\left(sh\frac{x}{a} - \sqrt{1+p^2a^2}\cdot ch\frac{x}{a}\right).$$

Искомые функции будут следующими

$$A_1(x) = \frac{V_0}{2p^2 c\sqrt{1+p^2a^2}} e^{-\frac{x}{a}\sqrt{1+p^2a^2}}\left(sh\frac{x}{a} + \sqrt{1+p^2a^2}\cdot ch\frac{x}{a}\right) + C_1; \quad (2.3.2.39)$$

$$A_2(x) = -\frac{V_0}{2p^2 c\sqrt{1+p^2a^2}} e^{\frac{x}{a}\sqrt{1+p^2a^2}}\left(sh\frac{x}{a} - \sqrt{1+p^2a^2}\cdot ch\frac{x}{a}\right) + C_2. \quad (2.3.2.40)$$

Подставляя (2.3.2.38) и (2.3.2.39) в (2.3.2.28), получаем

$$z(x,p) = C_1 e^{\frac{x}{a}\sqrt{1+p^2a^2}} + C_2 e^{-\frac{x}{a}\sqrt{1+p^2a^2}} + \frac{V_0 ch\frac{x}{a}}{cp^2}. \quad (2.3.2.41)$$

Тогда функция смещения сечений бойка в области изображений

$$w(x,p) = \frac{C_1 e^{\frac{x}{a}\sqrt{1+p^2a^2}}}{ch\frac{x}{a}} + \frac{C_2 e^{-\frac{x}{a}\sqrt{1+p^2a^2}}}{ch\frac{x}{a}} + \frac{V_0}{cp^2}. \quad (2.3.2.42)$$

Вводится новая переменная

$$r = \sqrt{p^2 + \frac{1}{a^2}} = \frac{1}{a}\sqrt{1+p^2a^2}. \quad (2.3.2.43)$$

Тогда функция смещения сечений бойка перепишется в виде

$$w(x,p) = \frac{C_1 e^{rx}}{ch\frac{x}{a}} + \frac{C_2 e^{-rx}}{ch\frac{x}{a}} + \frac{V_0}{cp^2}. \quad (2.3.2.44)$$

Граничное условие (2.3.2.20) позволяет исключить одну из констант

$$C_1 e^{rL}\left(r - \frac{1}{a}th\frac{L}{a}\right) - C_2 e^{-rL}\left(r + \frac{1}{a}th\frac{L}{a}\right) = 0. \quad (2.3.2.45)$$

После введения обозначения

$$b = \frac{1}{a}th\frac{L}{a}, \quad (2.3.2.46)$$

выражение (2.3.5.46) перепишется в виде

$$C_1 e^{rL}(r-b) - C_2 e^{-rL}(r+b) = 0. \quad (2.3.2.44)$$

Откуда находим

$$C_1 = C_2 e^{-2rL}\frac{(r+b)}{(r-b)}. \quad (2.3.2.48)$$

Тогда

$$w(x, p) = C_2 \frac{1}{ch\frac{x}{a}}\left(\left(\frac{r+b}{r-b}\right)e^{rx-2rL} + e^{-rx}\right) + \frac{V_0}{cp^2}. \qquad (2.3.2.49)$$

Уравнение смещения сечений для стержня в области изображений

$$\frac{d^2 u(x, p)}{d x^2} - p^2 u(x, p) = 0, \qquad (2.3.2.50)$$

решение которого

$$u(x, p) = C_3 e^{xp} + C_4 e^{-xp}, \qquad (2.3.2.51)$$

где C_3, C_4 – некоторые постоянные.

Граничное условие (2.3.2.21) позволяет определить константу C_4

$$\lim_{x \to \infty} \frac{d\left(C_3 e^{xp} + C_4 e^{-xp}\right)}{d x} = 0;$$

$$C_4 = 0. \qquad (2.3.2.52)$$

Тогда $\qquad u(x, p) = C_3 e^{xp}. \qquad (2.3.2.53)$

Оставшиеся граничные условия (2.3.2.18) и (2.3.2.19) определяют систему уравнений для исключения констант C_2 и C_3

$$C_2\left(\left(\frac{r+b}{r-b}\right)e^{-2rL} + 1\right) + \frac{V_0}{cp^2} = C_3, \qquad (2.3.2.54)$$

$$C_2(r+b)\left(e^{-2rL} - 1\right) = C_3 p. \qquad (2.3.2.55)$$

Ударный импульс связан с функцией смещения сечений стержня зависимостью

$$F(x, p) = ES_0 \frac{\partial u(x, p)}{\partial x}, \qquad (2.3.2.56)$$

где S_0 – площадь поперечного сечения стержня.

Подставляя $x = 0$, находим, что

$$F_0 = F(0, p) = ES_0 \frac{\partial u(0, p)}{\partial x} = ES_0 C_3 p. \qquad (2.3.2.57)$$

Для получения уравнения относительно искомой функции $F(0, p)$ поделим левые и правые части уравнений (2.3.2.54) и (2.3.2.55) друг на друга

$$\frac{C_2\left(\left(\frac{r+b}{r-b}\right)e^{-2rL} + 1\right)}{C_2(r+b)\left(e^{-2rL} - 1\right)} = \frac{\dfrac{F_0}{ES_0 p} - \dfrac{V_0}{cp^2}}{\dfrac{F_0}{ES_0}};$$

$$\frac{(r+b)e^{-2rL} + r - b}{\left(r^2 - b^2\right)\left(e^{-2rL} - 1\right)} = \frac{\dfrac{F_0}{ES_0 p} - \dfrac{V_0}{cp^2}}{\dfrac{F_0}{ES_0}}. \qquad (2.3.2.58)$$

Из полученного выражения определяем функцию ударного импульса

$$F_0\left(\frac{r^2-b^2}{p}\left(e^{-2rL}-1\right)-(r+b)e^{-2rL}-(r-b)\right)=\frac{ES_0V_0}{cp^2}\left(r^2-b^2\right)\left(e^{-2rL}-1\right);$$

$$F_0\left(e^{-2rL}\left(r^2-b^2-rp-bp\right)-r^2+b^2-rp+bp\right)=\frac{ES_0V_0}{cp}\left(r^2-b^2\right)\left(e^{-2rL}-1\right);$$

$$F_0\left(e^{-2rL}(r+b)(r-b-p)-(r-b)(r+b+p)\right)=-\frac{ES_0V_0}{cp}(r-b)(r+b)\left(1-e^{-2rL}\right);$$

$$F_0=\frac{ES_0V_0}{cp}\cdot\frac{(r+b)\left(1-e^{-2rL}\right)}{(r+b+p)\left(1-\dfrac{e^{-2rL}(r+b)(r-b-p)}{(r+b+p)(r-b)}\right)}. \qquad (3.3.2.59)$$

На основании формулы разложения в степенной ряд

$$\frac{1}{1-z}=\sum_{n=0}^{\infty}z^n, \qquad (2.3.2.60)$$

получаем

$$F_0=\frac{ES_0V_0}{cp}\cdot\frac{(r+b)\left(1-e^{-2rL}\right)}{(r+b+p)}\sum_{n=0}^{\infty}\frac{e^{-2rLn}(r+b)^n(r-b-p)^n}{(r+b+p)^n(r-b)^n}=$$

$$=\frac{ES_0V_0}{c}\left[\frac{(r+b)}{p(r+b+p)}-e^{-2rL}\cdot\frac{(r+b)}{p(r+b+p)}\left(1-\frac{(r+b)(r-b-p)}{(r+b+p)(r-b)}\right)-\right. \qquad (2.3.2.61)$$

$$\left.-e^{-4rL}\frac{(r+b)^2(r-b-p)}{p(r+b+p)^2(r-b)}\left(1-\frac{(r+b)(r-b-p)}{(r+b+p)(r-b)}\right)-\ldots\right].$$

На основании свойств изображений определяем изображение первой волны ударного импульса

$$F_{01}=\frac{ES_0V_0}{c}\cdot\frac{(r+b)}{p(r+b+p)}. \qquad (2.3.2.62)$$

Для получения изображения в виде, удобном для выполнения обратного интегрального преобразования, желательно представить выражение в виде суммы простых правильных дробей относительно параметра p.

Получаем

$$\frac{(r+b)}{p(r+b+p)}=\frac{1}{p}-\frac{1}{r+p+b}. \qquad (2.3.2.63)$$

Умножим числитель и знаменатель второй дроби на сопряженное выражение

$$\frac{1}{r+p+b}=\frac{r-p-b}{(r+p+b)(r-p-b)}=\frac{r-p-b}{r^2-p^2-b^2-2bp}. \qquad (2.3.2.64)$$

С учетом того, что $r=\sqrt{p^2+\dfrac{1}{a^2}}$, получаем

$$\frac{1}{r+p+b} = -\frac{r-p-b}{2bp-(\frac{1}{a^2}-b^2)} = -\frac{1}{2b} \cdot \frac{r-p-b}{p-(\dfrac{\dfrac{1}{a^2}-b^2}{2b})}. \qquad (2.3.2.65)$$

Для сокращения записей вводится обозначение

$$Q = \frac{\dfrac{1}{a^2}-b^2}{2b}. \qquad (2.3.2.66)$$

Получается

$$\frac{1}{r+p+b} = -\frac{1}{2b} \cdot \frac{r-p-b-Q+Q}{p-Q} = -\frac{1}{2b}\left(\frac{r}{p-Q} - 1 - \frac{b+Q}{p-Q}\right). \qquad (2.3.2.67)$$

После введения обозначения

$$K = b + Q, \qquad (2.3.2.68)$$

получаем

$$\frac{1}{r+p+b} = \frac{1}{2b}\left(1 - \frac{r}{p-Q} + \frac{K}{p-Q}\right). \qquad (2.3.2.69)$$

Далее преобразуем

$$\frac{r}{p-Q} = \frac{r^2}{r(p-Q)} = \frac{\dfrac{1}{a^2}+p^2-Q^2+Q^2}{r(p-Q)} = \frac{p^2-Q^2}{r(p-Q)} + \frac{\dfrac{1}{a^2}+Q^2}{r(p-Q)} =$$

$$= \frac{p+Q}{r} + \frac{\dfrac{1}{a^2}+Q^2}{r(p-Q)} = \frac{p}{r} + \frac{Q}{r} + \frac{\dfrac{1}{a^2}+Q^2}{r(p-Q)}. \qquad (2.3.2.70)$$

Вводится обозначение

$$H - \frac{1}{a^2} + Q^2. \qquad (2.3.2.71)$$

Подстановка полученных выражений позволяет получить изображение функции ударного импульса в виде, приемлемом для вычисления обратного интегрального преобразования

$$\frac{1}{r+p+b} = \frac{1}{2b}\left(1 - \frac{p}{r} - \frac{Q}{r} - \frac{H}{r(p-Q)} + \frac{K}{p-Q}\right); \qquad (2.3.2.72)$$

$$F_{01} = \frac{ES_0V_0}{c} \cdot \frac{(r+b)}{p(r+b+p)} = \frac{ES_0V_0}{c}\left(\frac{1}{p} - \frac{1}{r+p+b}\right) =$$

$$= \frac{ES_0V_0}{c}\left(\frac{1}{p} + \frac{1}{2b}\left(\frac{p}{r} + \frac{Q}{r} + \frac{H}{r(p-Q)} - \frac{K}{p-Q} - 1\right)\right). \qquad (2.3.2.73)$$

В итоге получаем изображение первой волны ударного импульса

$$F_{01} = \frac{ES_0V_0}{c}\left(\frac{1}{p} + \frac{1}{2b}\left(\frac{p}{\sqrt{p^2 + \frac{1}{a^2}}} + \frac{Q}{\sqrt{p^2 + \frac{1}{a^2}}} + \frac{H}{(p-Q)\sqrt{p^2 + \frac{1}{a^2}}} - \frac{K}{p-Q} - 1 \right) \right).$$

(2.3.2.74)

Для получения оригинала было выполнено обратное интегральное преобразование Лапласа по переменной τ, вычисления производились в математическом пакете Maple и были проверены с помощью таблиц соотношений оригинал-изображение [141-145].

С учетом $\tau = ct$ и после подстановки обозначений (2.3.2.46), (2.3.2.66), (2.3.2.68), (2.3.2.71), получаем функцию-оригинал, описывающую первую волну ударного импульса, генерируемого бойком полукатеноидальной формы

$$F_{K1} = \frac{ES_0V_0}{c}\left[1 - \frac{1}{2}cth\frac{L}{a}\cdot J_1\left(\frac{ct}{a}\right) + \frac{J_0\left(\frac{ct}{a}\right)}{4sh^2\frac{L}{a}} - \frac{cth^2\frac{2L}{a}}{2a\cdot th\frac{L}{a}}\cdot \int\limits_0^{ct}\left(-J_0\left(\frac{U}{a}\right)e^{\frac{ct-U}{a\cdot sh\frac{2L}{a}}} \right)dU - \right.$$

$$\left. - \frac{1}{2}\left(1 + \frac{1}{2sh^2\frac{L}{a}} \right)e^{\frac{ct}{a\cdot sh\frac{2L}{a}}} \right],$$

(2.3.2.75)

где J_0 – функция Бесселя 1-го рода нулевого порядка, J_1 – функция Бесселя 1-го рода 1-го порядка, при условии, что $0 \leq t \leq \frac{2L}{c}$.

Для проверки качества решения [146-148] и анализа формы импульса рассмотрим пример удара бойком полукатеноидальной формы по стандартной штанге диаметром $d_0 = 32\,мм$. Диаметр ударного торца бойка $d_0 = 32\,мм$, т.е. $a = \frac{d_0}{2} = \frac{32}{2} = 16\,мм$, масса бойка $m = 3\,кг$, длина $L = 43\,мм$. Материал соударяемых деталей – сталь: модуль упругости $E = 2,1\cdot 10^5\,МПа$, скорость звука $c = 5\cdot 10^3\,м/с$. Предударная скорость бойка $V_0 = 8\,м/с$. Время прохождения первой волны:

$$t_1 = \frac{2L}{c} = \frac{2\cdot 43}{5\cdot 10^6} = 17,2\cdot 10^{-6}c = 17,2\,мкс.$$

(2.3.2.76)

Подставляя принятые данные в (2.3.5.76), построим график первой волны ударного импульса (рисунок 2.3.2.2).

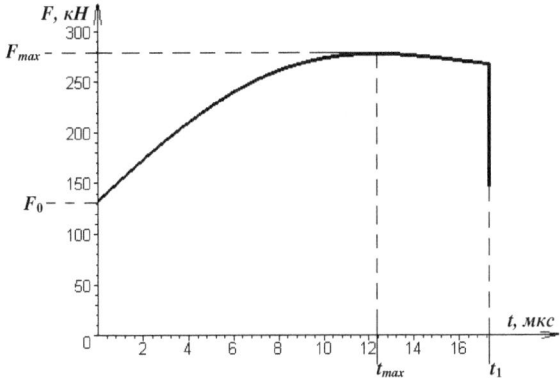

Рисунок 2.3.2.2 – Первая волна ударного импульса, генерируемого полукатеноидальным бойком

Начальное значение усилия

$$F_0 = \frac{ES_0 V_0}{2c} = \frac{206 \cdot \pi \cdot 16^2 \cdot 8 \cdot 10^{-3}}{2 \cdot 5} = 132 \kappa H , \qquad (2.3.2.77)$$

что соответствует значению импульса, генерируемого в стержне бойком с постоянным поперечным сечением, площадь которого равна площади поперечного сечения стержня.

Продифференцировав импульс, получаем сведения об его интенсивности и о максимальном значении (рисунок 2.3.2.3).

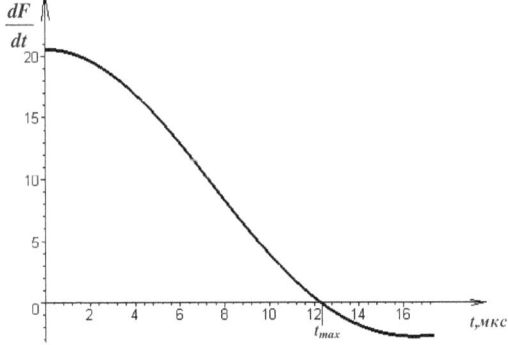

Рисунок 2.3.2.3 – График производной функции ударного импульса

Находим, что время, за которое волна достигнет максимальной амплитуды, будет равно $t_{max} = 12,3 \text{мкс}$. При этом $F_{max} = 277 \kappa H$.

Отношение максимального значения импульса к значению импульса, генерируемого в стержне бойком равного со штангой сечения

$$\frac{F_{max}}{F_0} = \frac{277}{132} = 2,1. \qquad (2.3.2.78)$$

Ранее [123, 126, 149] предполагалось, что при любых изменениях формы бойка ударного механизма отношение $\dfrac{F_{\max}}{F_0}$ не будет превышать 2. Однако приведенные выше исследования ставят под сомнение правильность этого утверждения.

2.3.3 Доказательство применимости численного метода исследования машин ударного действия с применением компьютерной программы

Исследование проводилось с помощью разработанной компьютерной программы «Анализ форм бойков ударных механизмов» при следующих параметрах соударяющихся деталей: масса бойка: $m = 3\,кг$; материал соударяемых деталей: сталь с модулем упругости $E = 2{,}1 \cdot 10^5\,МПа$, скорость звука в материале $c = 5 \cdot 10^3\,м / c$; диаметр волновода: $d_0 = 32\,мм$; предударная скорость бойка: $V_0 = 8\,м / c$. Изображение исследуемого полукатенодиального бойка показано на рисунке 2.3.3.1.

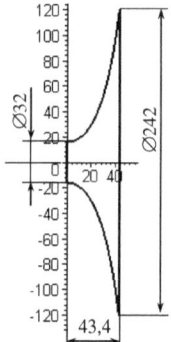

Рисунок 2.3.3.1 – Боёк полукатенодиальный

В результате расчета получены следующие данные:
– диаметр неударного торца $D = 242\,мм$;

– отношение диаметров торцов $\dfrac{D}{d_0} = 7{,}56$;

– длина бойка $l = 43{,}4\,мм$;
– длительность первой ступени импульса $t_{пв} = 17{,}4\,мкс$;
– максимальная амплитуда импульса $F_{\max} = 282{,}63\,кН$;

– отношение $\dfrac{F_{\max}}{F_0} = \dfrac{283}{132} = 2{,}132$;

– импульс силы за время $t_0 = 190\,мкс$ $p = 21895\,кН \cdot мкс$;

– отношение $\dfrac{p}{p_0} \cdot 100 = \dfrac{21895}{25194} \cdot 100 = 86{,}9\%$.

Форма ударного импульса, генерируемого полукатеноидальным бойком, показана на рисунке 2.3.3.2.

Рассмотрим более детально форму первой волны и сопоставим расчеты, полученные с использованием компьютерной программы, с аналитическим исследованием (рисунок 2.3.3.3).

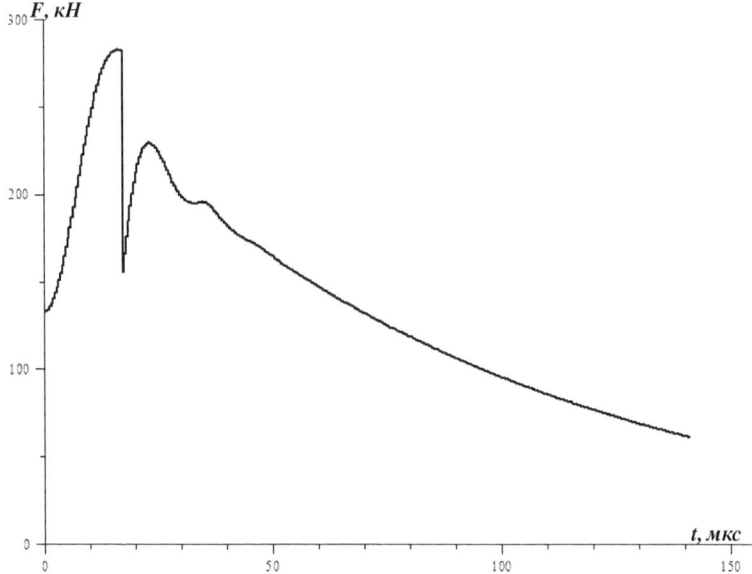

Рисунок 2.3.3.2 – Ударный импульс, генерируемый полукатеноидальным бойком

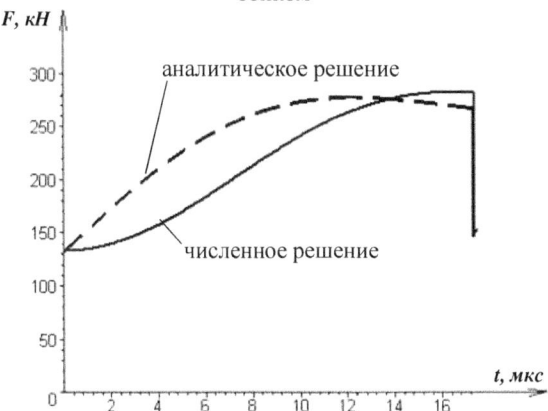

Рисунок 2.3.3.3 – Первая волна ударного импульса, генерируемого полукатеноидальным бойком

Сравнительный анализ полученных форм ударных импульсов, генерируемых полукатеноидальным бойком показал, что результаты исследований имеют расхождение до 20%. Можно сделать предварительный вывод о том, что аналитическое решение, обусловленное применением методов операционного исчисления, разложения в степенной ряд и рассмотрением лишь первого члена этого ряда, вносит существенные погрешности в получаемые результаты и позволяет судить лишь о качественных характеристиках первой волны ударного импульса. Разрешение данной проблемы возможно посредством проведения физического эксперимента.

2.3.4 Экспериментальное исследование генерирования в волноводе ударных импульсов бойками полукатенодиальной формы

Основная задача проведения эксперимента – зафиксировать упругую волну деформации, вызванную в штанге при ударе по ней бойком какой-либо формы. Целью эксперимента является исследование влияния формы бойков на форму генерируемых ими ударных импульсов и проверка теоретических положений о возможности увеличения производительности ударных систем технологического назначения путем подбора рациональных форм бойков.

При ударе по волноводу боёк генерирует поток энергии, носителями которой являются волны упругой деформации штанги, которые продвигаются по штанге в сторону забоя, нагружают инструмент и создают условия для разрушения обрабатываемой среды. Именно параметры упругой деформации необходимо измерять, оценивая энергетические характеристики ударных систем технологического назначения. В таком случае не имеет значения, от какого источника поступает энергия. Первый ударный импульс содержит информацию об ударе, например, о скорости соударения, о продолжительности удара и т.д.

Для проведения эксперимента разработана конструкторско-техническая документация и рабочие чертежи на опытные образцы, в качестве которых были выбраны бойки (рисунок 2.3.4.1), в которых как в телах вращения образующими боковых поверхностей является катена. Параметры выбирались одинаковые для всех бойков с целью возможности анализа влияния угла поворота координатных осей на форму ударного импульса: массы бойков: $m = 3кг$; диаметр ударного торца бойка: $d = 32мм$. Было принято решение о разбиении полукатеноидальных бойков на ступени, по аналогии с графоаналитическим методом. Длины ступеней выбирались из учета минимальной возможности токарной операции. Фотография ударников показана на рисунке 2.3.4.2.

Рисунок 3.3.4.1 – Опытные образцы полукатеноидальных ударников

Для проверки основных положений, принятых при теоретических исследованиях, и проверки результатов этих исследований в лаборатории кафедры стационарных и транспортных машин Кузбасского государственного технического университета г. Кемерово был создан экспериментальный стенд и разработана методика экспериментального исследования процесса движения волновых ударных импульсов в стержневой системе.

Стенд (рисунки 2.3.4.2, 2.3.4.3) является горизонтальным и состоит из следующих основных узлов: боёк (1), стержень (2), направляющая (3), каретка (4), люнеты (5), упор (6), основание (7).

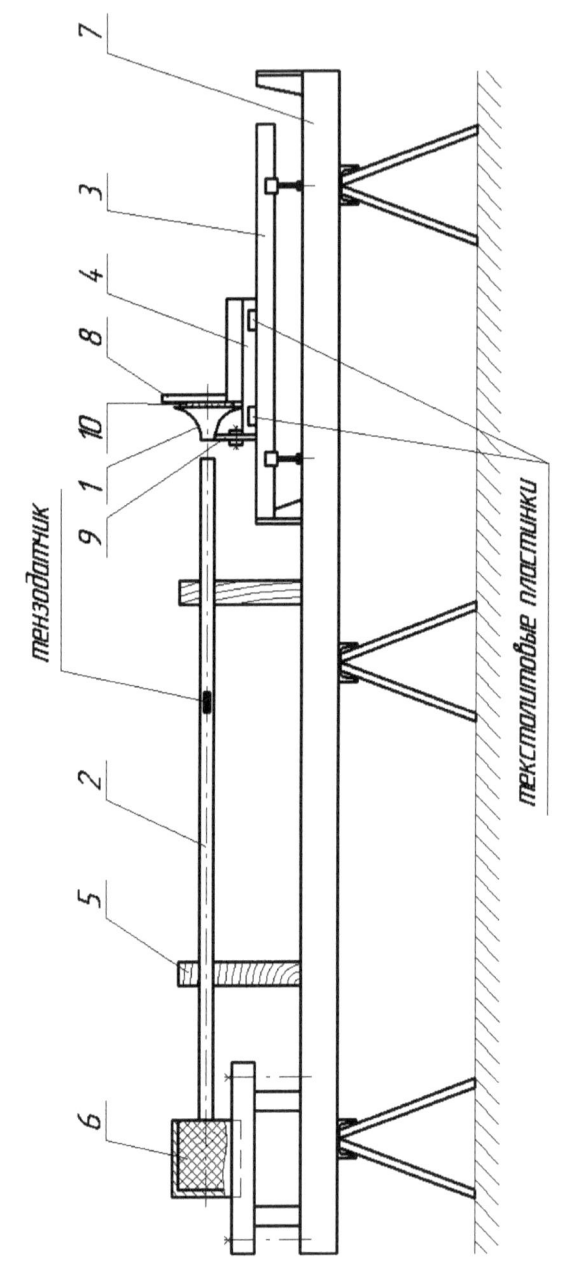

текстолитовые пластинки

тензодатчик

Рисунок 2.4.4.2 – Экспериментальный стенд

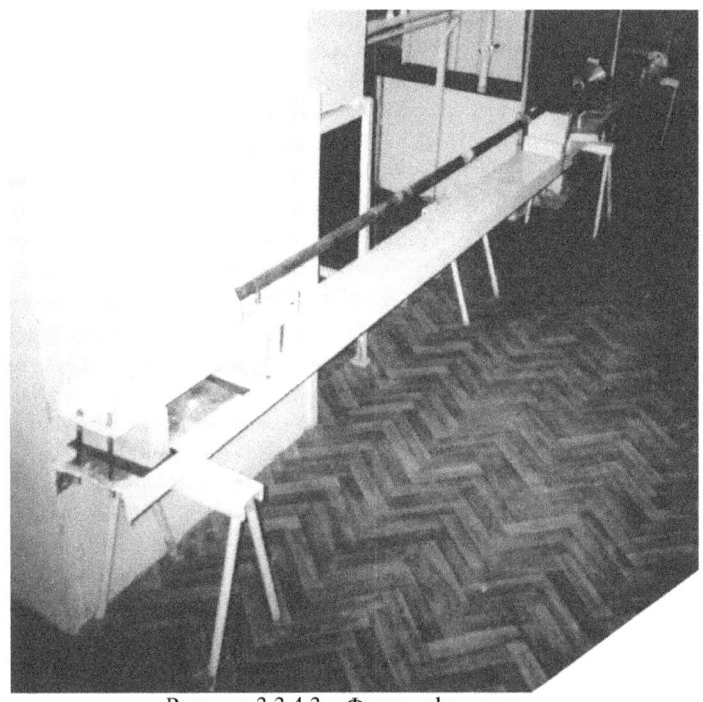

Рисунок 3.3.4.3 – Фотография стенда

Стержень 2 представляет собой буровую штангу длиной 3,1м и диаметром 32мм. Для исследования волновых импульсов на стержень 2 наклеены два тензодатчика вдоль оси стержня с противоположных сторон на расстоянии 0,93м от ударного торца. При включении тензодатчиков последовательно регистрируются продольные деформации стержня и практически исключаются изгибные.

Для предохранения стержня 2 от потери устойчивости служат люнеты 5. Соосность бойка 1 и стержня 2 обеспечивается направляющей 3, регулируемой установочными болтами. Упор 6 свободного конца штанги представляет собой цилиндр, внутренняя полость которого заполнена резиной.

Каретка 4 для крепления и разгона бойка представляет собой уголок с прикрученными к нему при помощи винтов и болтов деревянного упора 8 и регулируемой по высоте пластины 9. Кроме того, имеется амортизатор 10 из мягкой резины. К уголку приклеены текстолитовые пластинки с целью изолировать боёк от направляющей. Необходимость в этом обусловлена выбранной системой запуска осциллографа посредством контакта бойка и штанги. Каретка с бойком разгоняется по направляющей с помощью специального устройства с фиксированной скоростью 8м/с. В конце своего хода боёк соударяется с хвостовиком волновода. При этом за счет амортизатора обеспечивается отсутствие влияния каретки на форму ударного импульса, генерируемого бойком.

В связи с тем, что время, в течение которого протекает процесс удара, весьма мало, порядка $10\text{-}10^4 мкс$, необходима совершенная измерительная аппаратура. При экспериментальном измерении деформации при ударных воздействиях применяются электрические методы, при которых деформация преобразуется в изменение какого-либо электрического параметра. В соответствии с этим существуют датчики индукционные, емкостные, датчики сопротивления.

Наиболее широкое применение при исследовании ударных процессов получили датчики сопротивления (тензорезисторы). Это объясняется их универсальностью, удобством применения и широкими возможностями эксперимента. Для регистрации ударных импульсов основными преимуществами тензодатчиков являются их небольшие размеры и незначительный вес, вследствие малой инерционности, не вносящей искажения в изучаемый процесс.

В настоящем экспериментальном исследовании применялись тензодатчики типа ПКБ-10-100 со следующими характеристиками: сопротивление: $R = (111{,}3 \div 111{,}5) Ом \pm 0{,}2\%$; коэффициент чувствительности: $S = 2{,}15 \pm 0{,}1$; диаметр: $\varnothing 0{,}02 мм$; длина базы датчика: $b = 10 см$.

При прохождении по волноводу упругой волны на выходе схемы, в которую подключены тензодатчики, появляется соответствующее импульсное изменение напряжения. Для получения осциллограмм ударных импульсов, наиболее точно отражающих действительные, необходимо применение специальных усилителей и осциллографов.

Основные погрешности, которые могут быть внесены в измерения усилительной аппаратуры, заключаются в уменьшении крутизны фронта нарастания (или спада) импульса. При этом прибор должен иметь коэффициент усиления напряжения достаточный для того, чтобы полученные осциллограммы имели размеры, удобные для изучения.

В настоящем экспериментальном исследовании применялся усилитель УИ-1, имеющий полосу пропускания частот в диапазоне $10 Гц$–$50 кГц$ с коэффициентом усиления по напряжению порядка $100 \div 1000$, и осциллограф типа TR-4602.

На осциллограмме (рисунок 2.3.4.4) зарегистрированы импульсы, прошедши через усилитель: горизонтальная развертка $200 мкс/см$, вертикальная развертка $0{,}5 В/см$, длительность импульса $500 мкс$.

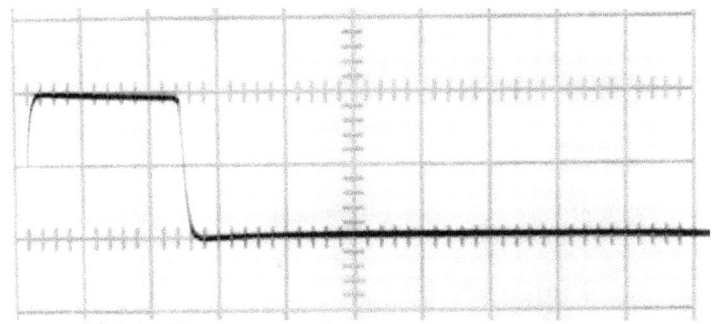

Рисунок 3.3.4.4 – Прямоугольный импульс, прошедший через усилитель

Анализ осциллограммы показывает, что характеристики имеющегося усилителя удовлетворяют задачам исследования.

На рисунке 2.3.4.5 показана схема подключения приборов и тензодатчиков. Измерительный комплекс показан на фотографии (рисунок 2.3.4.6).

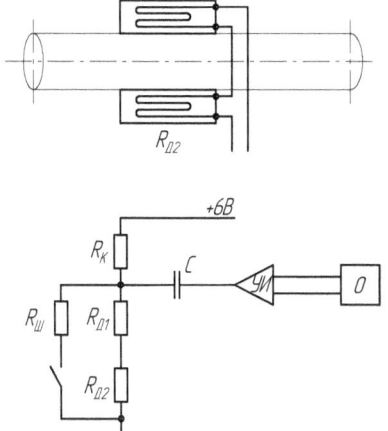
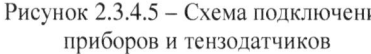

Рисунок 2.3.4.5 – Схема подключения приборов и тензодатчиков

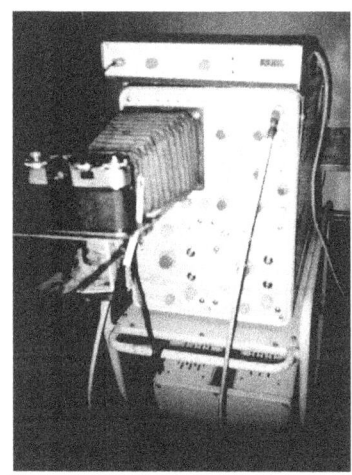

Рисунок 2.3.4.6 – Измерительный комплекс

Запуск осциллографа осуществляется в момент удара бойком по стержню. Схема запуска показана на рисунке 2.3.4.7.

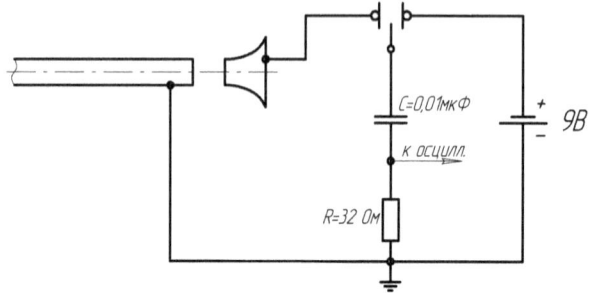

Рисунок 2.3.4.7 – Схема запуска развертки осциллографа

С экрана осциллографа импульсы фиксировались на фотопленку фотоаппаратом «Зенит».

На рисунке 2.3.4.8 показаны полученные в результате эксперимента осциллограммы.

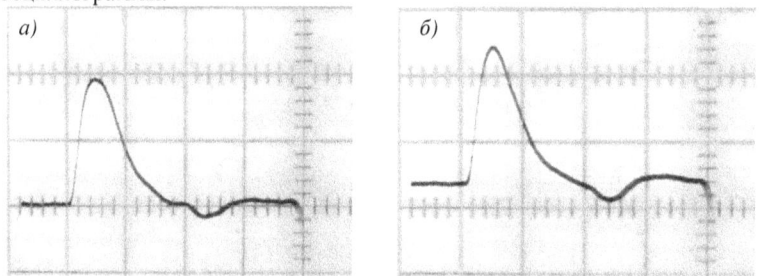

Рисунок 2.3.4.8 – Осциллограммы ударных импульсов, генерируемых полукатеноидальными бойками:
- горизонтальная развертка: 200мкс/см;
- вертикальная развертка: 0,2В/см.

В связи с тем, что датчики располагаются на расстоянии 0,93м от ударного торца штанги, то на осциллограммах заметен прямой участок, отражающий время прохождения упругой волны до датчиков. Длительность этого участка:

$$\ell_0 = \frac{0{,}93}{5000} = 186 \cdot 10^{-6}\,c = 186 мкс. \qquad (2.3.4.4)$$

Длительность падающего ударного импульса составляет 400мкс.

Конструкция стенда и характеристики применяемой аппаратуры позволяют провести оценку формы импульса и сравнить её с теоретическими решениями.

2.3.5 Сравнительный анализ результатов теоретических и экспериментальных исследований полукатеноидальных бойков

Результаты сравнительного анализа формы первой волны ударного импульса, генерируемого в волноводе полукатенодиальным бойком, найденной аналитически, численно и с помощью эксперимента, представлены на рисунке 2.3.5.1 и в таблице 2.3.5.1. Данные расчетов сопоставлены в 10 точках, взятых на равномерном расстоянии по оси ординат в отношении к времени длительности первой волны. Значения силы F представлены в отношении к значению импульса $F_{эксп}$, полученному по результатам эксперимента.

Рисунок 2.3.5.1 – Сравнение результатов расчетов исследований

Таблица 2.3.5.1 – Результаты сравнительного анализа первой волны импульса

№ шага	1	2	3	4	5	6	7	8	9	10
$k \cdot t_{пв}$	0,1	0,2	0,3	0,4	0,5	0,6	0,7	0,8	0,9	1
$F_{ан} / F_{эксп}$	1,86	1,33	1,23	1,16	1,10	1,05	1,01	0,98	0,97	0,99
$F_{числ} / F_{эксп}$	1,53	1,00	0,91	0,91	0,92	0,94	0,96	0,98	1,01	1,04
$\Delta_{ан} = \dfrac{\left| F_{ан} - F_{эксп} \right|}{F_{эксп}} \cdot 100, \%$	86	33	23	16	10	5	1	2	3	1
$\Delta_{числ} = \dfrac{\left| F_{числ} - F_{эксп} \right|}{F_{эксп}} \cdot 100, \%$	53	0	9	9	8	6	4	2	1	4

В силу того, что фактически сила импульса начинается от нулевого значения, а не от F_0, как это предполагается в теоретических исследованиях, расчетные и экспериментальные данные обрабатываются с использованием статистических методов со 2 шага по 10 включительно.

Среднее арифметическое отклонений результатов расчетов формы ударного импульса определяется по формуле

$$\overline{\Delta} = \frac{\sum\limits_{i=1}^{k} \Delta_i}{k}, \qquad (2.3.5.1)$$

где Δ_i – отклонение результатов на i-ом шаге,

k – количество расчетных шагов, $k = 9$.

Тогда среднее арифметическое отклонений экспериментальных данных и результатов аналитического расчета составляет

$$\overline{\Delta}_{ан} = \frac{33 + 23 + 16 + 10 + 5 + 1 + 2 + 3 + 1}{9} = 10,44\%; \qquad (2.3.5.2)$$

численного расчета

$$\overline{\Delta}_{числ} = \frac{0 + 9 + 9 + 8 + 6 + 4 + 2 + 1 + 4}{9} = 4,78\%. \qquad (2.3.5.3)$$

Среднее квадратическое отклонение найдется как

$$\sigma = \sqrt{\frac{\sum \left(\Delta_i - \overline{\Delta}\right)^2}{k - 1}}, \qquad (2.3.5.4)$$

$$\sigma_{ан} = \sqrt{\frac{(33 - 10,44)^2 + (23 - 10,44)^2 + (16 - 10,44)^2 + (10 - 10,44)^2 + (5 - 10,44)^2}{9 - 1} + \frac{(1 - 10,44)^2 + (2 - 10,44)^2 + (3 - 10,44)^2 + (1 - 10,44)^2}{9 - 1}} = 11,36'$$

$$\qquad (2.3.5.5)$$

$$\sigma_{числ} = \sqrt{\frac{(0 - 4,78)^2 + (9 - 4,78)^2 + (9 - 4,78)^2 + (8 - 4,78)^2 + (6 - 4,78)^2}{9 - 1} + \frac{(4 - 4,78)^2 + (2 - 10,44)^2 + (1 - 10,44)^2 + (4 - 4,78)^2}{9 - 1}} = 3,42 \cdot$$

$$\qquad (2.3.5.6)$$

Выборочная дисперсия составляет

$$S = \sigma^2, \qquad (2.3.5.7)$$

$$S_{ан} = 11,36^2 = 129,05, \qquad (2.3.5.8)$$

$$S_{числ} = 3,42^2 = 11,70. \qquad$$

Коэффициент вариации

$$v = \frac{\sigma}{\overline{\Delta}}, \qquad (2.3.5.9)$$

$$v_{ан} = \frac{11,36}{10,44} = 1,09, \qquad (2.3.5.10)$$

$$v_{числ} = \frac{3,42}{4,78} = 0,72. \qquad (2.3.5.11)$$

Ошибка среднего арифметического

$$m = \frac{\sigma}{\sqrt{k - 1}}, \qquad (2.3.5.12)$$

$$m_{ан} = \frac{11,36}{\sqrt{9-1}} = 4,02,$$ (2.3.5.13)

$$m_{числ} = \frac{3,42}{\sqrt{9-1}} = 1,21.$$ (2.3.5.13)

Оптимальная погрешность инженерных расчетов машин ударного действия составляет $4 \div 5\%$, в некоторых случаях допускаются отклонения в результатах до 10%.

Результаты статистической обработки данных, полученных для бойка, имеющего форму полкатеноида, свидетельствуют о том, что погрешность результатов составляет $\Delta_{ан} = (10,44 \pm 4,02)\%$, $\Delta_{числ} = (4,78 \pm 1,21)\%$.

Результаты статистической обработки данных свидетельствуют о том, что теоретические и экспериментальные исследования имеют удовлетворительную сходимость. Тем самым, подтверждается пригодность аналитического и численного методов для расчета параметров ударных импульсов. Более точным и эффективным с точки зрения экономии времени является графоаналитический метод исследования ударных систем технологического назначения, положенный в основу алгоритма компьютерной программы «Анализ форм бойков ударных механизмов».

2.3.6 Анализ параметров ударных импульсов, генерируемых полукатеноидальными бойками

На том основании, что результаты расчетов ударных импульсов, полученные с использованием графоаналитического метода, показали наилучшую сходимость с результатами экспериментального исследования, проведен анализ параметров ударного импульса, генерируемого полукатеноидальными бойками, при различных исходных данных.

В таблице 2.3.6.1 представлены результаты исследования форм ударных импульсов полукатеноидальных бойков, полученные с использованием компьютерной программы «Анализ форм бойков ударных механизмов», при условии постоянства для сравниваемых бойков диаметра ударного торца $d_0 = 32 мм$ и предударной скорости $V_0 = 8 м/с$.

Таблица 2.3.6.1 – Анализ полукатеноидальных бойков различной массы

Параметры бойка и ударного импульса	Обозначение, размерность	Величина					
Масса бойка	m, кг	1,5	2,0	**2,35**	2,5	3,0	3,5
Диаметр неударного торца	D, мм	168,89	196,22	**213,34**	220,28	241,99	261,95
Отношение диаметров	D/d_0	5,28	6,13	**6,67**	6,88	7,56	8,16

Длительность импульса, генерируемого цилиндрическим бойком равного с волноводом сечения	t_0, мкс	95,0	126,72	**148,9**	158,4	190,1	221,7
Время достижения максимальной амплитуды импульса	t_{max}, мкс	15,0	16,0	**16,5**	16,5	16,4	16,4
Длительность первой волны	$t_{пв}$, мкс	15,0	16,0	**16,5**	16,7	17,4	17,9
	$t_{max} / t_{пв}$	1,00	1,00	**1,00**	0,99	0,94	0,92
Длительность импульса, генерируемого цилиндрическим бойком равного с волноводом сечения	F_0, кН	132,57					
Максимальная амплитуда	F_{max}, кН	280,53	282,38	**282,63**	282,63	282,63	282,63
Отношение величины максимальной амплитуды импульса к величине амплитуды импульса, генерируемой цилиндрическим бойком равного с волноводом сечения	$\dfrac{F_{max}}{F_0}$	2,116	2,130	**2,132**	2,132	2,132	2,132
Импульс силы от цилиндрического бойка равного с волноводом сечения за время t_0	p_0, кН·мкс	12598	16798	**19738**	20998	25198	29398
Импульс силы за время t_0	p, кН·мкс	10998	14631	**17173**	18263	21894	25524
Отношение импульса силы исследуемого бойка к импульсу силы цилиндрического бойка равного с волноводом сечения	$\dfrac{p}{p_0} \cdot 100, \%$	87,3	87,1	**87,0**	87,0	86,9	86,8

Анализ полученных результатов позволяет сделать следующие выводы:

– при увеличении диаметра неударного торца бойка увеличивается его длина и соответственно увеличивается длительность первой волны импульса;

– при $\dfrac{D}{d_0} > 6{,}67$ точка максимума амплитуды импульса смещается к его началу (рисунок 2.3.6.1);

– отношение $\dfrac{F_{max}}{F_0}$ достигает предельного максимального значения при $\dfrac{D}{d_0} = 6{,}67$ (рисунок 2.3.6.1);

– зависимость $\dfrac{p}{p_0} \cdot 100$ от $\dfrac{D}{d_0}$ является линейной, убывает при увеличении диаметра неударного торца.

В таблице 2.3.6.2 представлены результаты исследования форм ударных импульсов полукатеноидальных бойков, полученные с использованием компьютерной программы «Анализ форм бойков ударных механизмов», при условии постоянства для сравниваемых бойков массы $m = 4\,кг$ и предударной скорости $V_0 = 8\,м/с$.

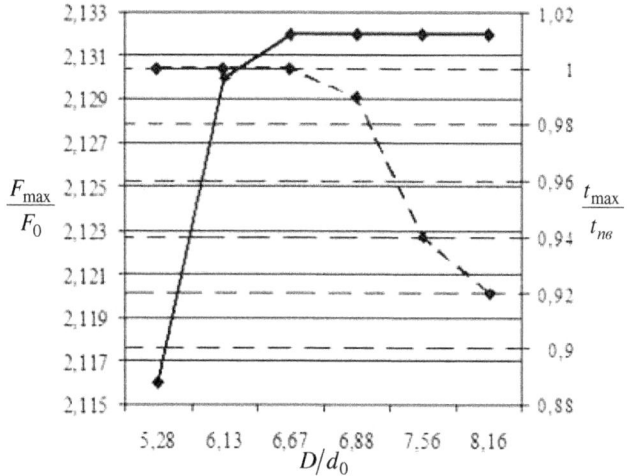

Рисунок 2.3.6.1 – Зависимости $\dfrac{F_{max}}{F_0}$ и $\dfrac{t_{max}}{t_{пв}}$ от $\dfrac{D}{d_0}$

Таблица 2.3.6.2 – Анализ полукатеноидальных бойков различных размеров

Параметры бойка и ударного импульса	Обозначение, размерность	Величина					
Диаметр ударного торца	d_0, мм	36,0	37,0	38,0	**38,2**	39,0	40,0
Диаметр неударного торца	D, мм	263,19	259,27	255,49	**254,75**	251,84	248,32
Отношение диаметров	$\dfrac{D}{d_0}$	7,31	7,00	6,72	**6,67**	6,46	6,21
Длительность импульса, генерируемого цилиндрическим бойком равного с волноводом сечения	t_0, мкс	200,2	189,6	179,7	**177,8**	170,6	162,2
Время достижения максимальной амплитуды импульса	t_{max}, мкс	18,4	19,0	19,6	**19,7**	19,9	20,1
Длительность первой волны	$t_{пв}$, мкс	19,3	19,5	19,7	**19,7**	19,9	20,0
	$\dfrac{t_{max}}{t_{пв}}$	0,95	0,97	0,99	**1,00**	1,00	1,00
Длительность импульса, генерируемого цилиндрическим бойком равного с волноводом сечения	F_0, кН	167,79	177,23	186,94	**188,92**	196,91	207,14
Максимальная амплитуда	F_{max}, кН	357,70	377,84	398,55	**402,76**	419,75	441,32
Отношение величины максимальной амплитуды импульса к величине амплитуды импульса, генерируемой цилиндрическим бойком равного с волноводом сечения	$\dfrac{F_{max}}{F_0}$	2,132	2,132	2,132	**2,132**	2,131	2,130

Импульс силы от цилиндрического бойка равного с волноводом сечения за время t_0	p_0, кН·мкс	33597					
Импульс силы за время t_0	p, кН·мкс	29200	29214	29230	**29237**	29242	29258
Отношение импульса силы исследуемого бойка к импульсу силы цилиндрического бойка равного с волноводом сечения	$\dfrac{p}{p_0} \cdot 100, \%$	86,9	87,0	87,0	**87,0**	87,0	87,1

Анализ полученных результатов позволяет сделать следующие выводы:

– подтверждаются выводы исследования ударных импульсов при $d_0 = const$;

– величина импульса силы незначительно возрастает при уменьшении диаметра неударного торца бойка.

Таким образом, применение бойков полукатеноидальной формы с диаметром неударного торца, превышающим диаметр ударного торца более, чем в 6,67 раз, нерационально.

Одними из наиболее простых с точки зрения геометрической формы и наиболее широко применяемых в практике являются конический и гиперболический бойки. Результаты сравнительного анализа полукатеноидальных бойков с коническим и гиперболическим бойками представлены в таблице 3.3.6.3. Расчет ударных импульсов проводился при условии равенства следующих параметров бойков: масса $m = 4 кг$, предударная скорость $V_0 - 8 м/с$, диаметр ударного торца $d_0 = 38,2 мм$, диаметр неударного торца $D = 254,75 мм$, $\dfrac{D}{d_0} = 6,67$.

Таблица 2.3.6.3 – Сравнение полукатеноидальных бойков с коническим и гиперболическим

Форма бойка		Полу-катеноид-альный	Кони-ческий	Гиперболи-ческий
Параметры бойка и ударного импульса	Обозначение, размерность	Величина		
Длительность импульса, генерируемого цилиндрическим бойком равного с волноводом сечения	t_0, мкс	177,8		
Время достижения максимальной амплитуды	t_{max}, мкс	19,7	10,2	26,7

импульса				
Длительность первой волны	$t_{пв}$, мкс	19,7	10,2	26,7
	$t_{max} / t_{пв}$	1,0	1,0	1,0
Длительность импульса, генерируемого цилиндрическим бойком равного с волноводом сечения	F_0, кН	188,92		
Максимальная амплитуда	F_{max}, кН	402,76	375,95	**439,61**
Отношение величины максимальной амплитуды импульса к величине амплитуды импульса, генерируемой цилиндрическим бойком равного с волноводом сечения	$\dfrac{F_{max}}{F_0}$	2,132	1,99	**2,327**
Импульс силы от цилиндрического бойка равного с волноводом сечения за время t_0	p_0, кН·мкс	33597		
Импульс силы за время t_0	p, кН·мкс	29237	29080	**29293**
Отношение импульса силы исследуемого бойка к импульсу силы цилиндрического бойка равного с волноводом сечения	$\dfrac{p}{p_0} \cdot 100$, %	87,0	86,6	**87,2**

Анализ полученных результатов позволяет сделать следующие выводы:

– среди исследуемых трех видов бойков минимальным значением отношения $\dfrac{F_{max}}{F_0}$ обладает конический боёк – 1,99; максимальным – 2,327 – гиперболический;

– среди исследуемых трех видов бойков минимальным значением отношения $\dfrac{p}{p_0} \cdot 100$ обладает конический боёк – 86,6; максимальным – 87,2 – гиперболический;

– значение отношения $\dfrac{p}{p_0} \cdot 100$ для полукатеноидального бойка – 87,0 – меньше этого значения для гиперболического бойка на 0,23%, что может быть принято несущественным;

– применение полукатеноидального бойка в ударных системах позволяет получить значение отношения $\dfrac{F_{max}}{F_0} > 2$ при меньшей длительности первой волны ударного импульса по сравнению с гиперболическим на 26,2% при разнице в значениях отношения $\dfrac{F_{max}}{F_0}$ на 8,4%.

Таким образом, применение полукатеноидальных бойков в ударных системах технологического назначения вполне целесообразно и рационально с точки зрения эффективности использования энергии удара.

2.3.7 Разработка методов образования и исследования видов полукатеноидальных бойков ударных механизмов

Можно предположить, что практическое использование полукатеноидальных бойков, описываемых уравнением (2.3.1.1), в ударных системах технологического назначения не получило широкого применения по той причине, что прямое использование зависимости (2.3.1.1) для построения бойков приводит к быстрому увеличению его радиального размера, что, естественно, приводит к габаритам, непригодным для применения в практике машиностроения, горного дела и строительства.

Этот недостаток реального построения полукатеноидальных бойков может быть преодолен, если в качестве образующих, ограничивающих криволинейные поверхности бойков, будут использоваться различные участки цепной линии (катены). Катена есть бесконечная кривая с переменной кривизной, радиус кривизны определяется формулой

$$R = \frac{a}{4}\left(e^{\frac{x}{a}} + e^{-\frac{x}{a}} \right)^2 = a \cdot ch^2 \frac{x}{a}. \qquad (2.3.7.1)$$

Очевидно, что для любой точки C радиус кривизны R тем более, чем больше координата x, т.к. гиперболический косинус $ch\dfrac{x}{a}$ с ростом аргумента возрастает по квадратичной зависимости. Если оставлять в качестве образующих формируемых бойков участки катены, то чем далее удаляться от начала координат, тем более катена приближается к прямой линии. Если далее повернуть ее относительно некоторой оси HH', то можно создать боёк, приближающийся к цилиндру. Известно, что боёк, выполненный в виде цилиндра, с поперечным сечением, равным сечению волновода, генерирует в волноводе прямоугольный импульс; если образующая бойка криволинейна, то импульсы в волноводе генерируются разных форм. Форма ударного импульса зависит также от длины бойка. Имея это в виду, можно поставить задачу создания множества бойков с образующей в виде различных участков катены.

Разработанный метод образования полукатеноидальных бойков показан на рисунках 2.3.7.1 и 2.3.7.2. На рисунке 2.3.7.1 обозначены:

O – точка начала координат, y и x – оси координат, в которых фиксируется плоская кривая – катена, как образующая выполненного из твердого материала бойка ударного механизма;

R – радиус кривизны катены в любой точке C;

AA' – ударный торец бойка как тела вращения $ABB'A'$ относительно его продольной оси x, $AA' = d_0$, т. е. диаметру ударного торца бойка;

AB и $A'B'$ – образующие бойка, соответствующие зависимости (2.3.1.1);

CD и $C'D'$, EF и $E'F'$ – образующие бойков, отличающихся от рассмотренного бойка с образующей AB и $A'B'$,

$CDD'C'$ и $EFF'E'$ – катеноидные бойки как твердые тела вращения участков катены CD и EF относительно их продольных осей GG' и HH'.

Линия OO' как эквидистанта катене AB, т.е. равноудаленная данной плоской кривой, CC' и EE' как нормальные линии к эквидистанте ($CC' = EE' = d_0$) помещены на рисунке 3.3.7.1 в качестве вспомогательных, поясняющих сущность метода.

Суть построения заключается в следующем. Если к катене AB как образующей боковые поверхности бойков провести эквидистантную кривую OO' и на ней отметить точки O, G, H и т. д., то нормали (перпендикуляры) к эквидистанте в этих точках OA, GC, HE и т. д. окажутся равными между собой и равными половине d_0, т.е. половине диаметра ударного торца получаемых бойков.

Приведенные пояснения позволяют доказать, что получаемые бойки будут иметь одинаковые площади ударных торцов и различные участки катены в качестве образующих бойков.

На рисунке 2.3.7.1 показаны варианты полукатеноидальных бойков 1, 2, 3, отличающихся по форме (их образующие – различные участки катены) и по длине.

Ясно, что кинетическая энергия T, запасенная бойком перед ударом, не зависит от формы бойка. Но от формы бойка зависит масса m. Она определяется как объем тела умноженный на удельный вес. При одинаковом удельном весе бойков одинаковый объем при разных видах образующих (1, 2, 3) достигается различием их длин ℓ (ℓ_1, ℓ_2, ℓ_3).

Получаемые таким образом бойки (рисунок 3.3.7.2), в частности при заданной их одинаковой массе и при условии, что все их образующие есть участки катены, отличаются тем, что из-за различия форм и длин, они генерируют в волноводах различные по форме упругие ударные импульсы, каждый из которых может являться оптимальным для разрушения какой-либо из различающихся по крепости сред.

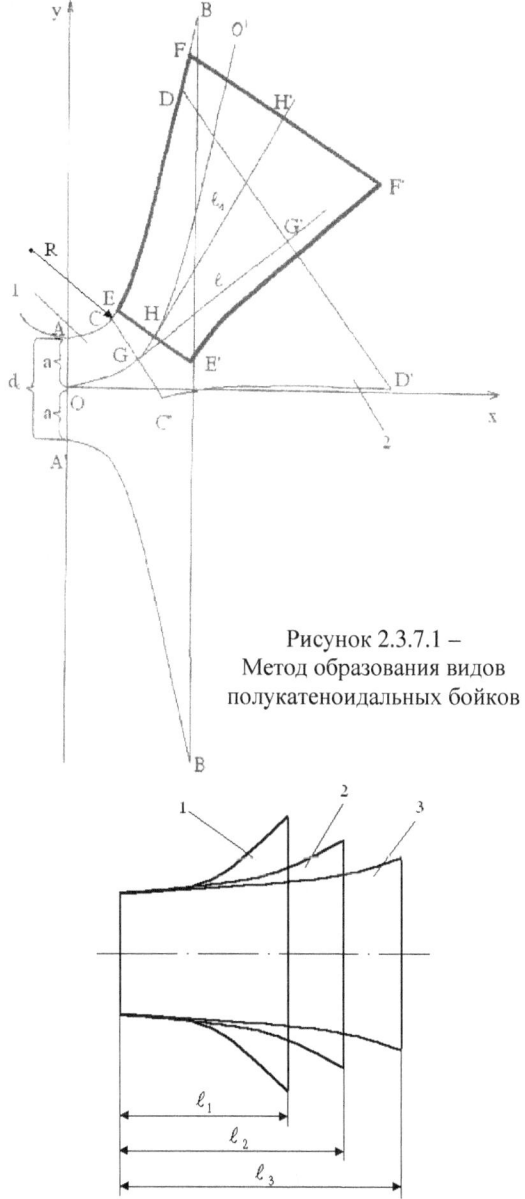

Рисунок 2.3.7.1 –
Метод образования видов
полукатеноидальных бойков

Рисунок 2.3.7.2 – Полукатеноидальные бойки с различными
характеристиками

Разработанный метод образования полукатеноидальных бойков с различными характеристиками был заявлен в Роспатент, как имеющий существенное отличие от существующих методов. Этот метод был реализован в виде способа создания объектов промышленного использования для образования материальных тел вращения, способных генерировать упругие волны в волноводах и применяться в виде элементов ударных машин. Сущность этого способа заключается в выполнении из твердых материалов тела вращения, образующей которых является плоская кривая, называемая катеной, характеризующийся тем, что в качестве образующей тел вращения используют различные участки катены, а торцы бойков обрабатывают по плоскостям, перпендикулярным их геометрической оси, при этом расстояние между торцами выбирают из условия заданной массы бойков.

На описанный способ был получен Патент РФ №2182953 [150].

Методика построения полукатенодиальных бойков в новой, повернутой системе координат следующая.

Каждой точке M катены $B'A'B$ соответствуют координаты (x', y') в «старой» прямоугольной системе координат $O'x'y'$ и (x, y) в «новой» прямоугольной системе координат Oxy (рисунок 3.3.7.3). Координатная система $O'x'y'$ при повороте на угол α и смещении начала координат в точку $O(x_0', y_0')$ преобразуется в координатную систему Oxy по формулам

$$\begin{cases} x = x'\cos\alpha + y'\sin\alpha - x_0'\cos\alpha - y_0'\sin\alpha, \\ y = -x'\sin\alpha + y'\cos\alpha + x_0'\sin\alpha - y_0'\cos\alpha; \end{cases} \qquad (2.3.7.2)$$

или

$$\begin{cases} x' = x\cos\alpha - y\sin\alpha + x_0', \\ y' = x\sin\alpha + y\cos\alpha + y_0', \end{cases} \qquad (2.3.7.3)$$

где $y' = a \cdot ch\dfrac{x'}{a}$ – уравнение катены, причем $O'A' = OA = a$.

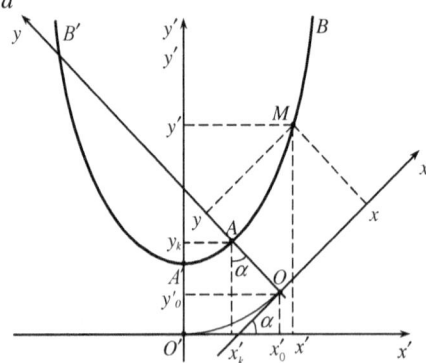

Рисунок 2.3.7.3 – К выводу уравнения катены в новой системе координат

88

Выведем зависимость между координатами точки смещения и углом поворота координат

$$x_0' = x_k' + O'A' \sin\alpha = x_k' + a \cdot \sin\alpha,$$
$$y_0' = y_k' - O'A' \cos\alpha = y_k' - a \cdot \cos\alpha,$$

(2.3.7.4)

где $\left(x_k', y_k'\right)$ – координаты точки A катены, $y_k' = a \cdot ch\dfrac{x_k'}{a}$.

Тангенс угла поворота координатных осей есть производная от функции, описывающей катену, в точке x_k'

$$tg\alpha = \left.\frac{dy'}{dx'}\right|_{x'=x_k'} = sh\frac{x_k'}{a}. \tag{2.3.7.5}$$

Из (2.3.7.5) получаем

$$x_k' = a \cdot Arsh(tg\alpha),$$
$$y_k' = a \cdot ch(Arsh(tg\alpha)),$$

(2.3.7.6)

где $Arsh$ – ареасинус – функция, обратная гиперболическому синусу.

Тогда системы (2.3.7.2) и (2.3.7.3) с учетом (2.3.7.4) и (2.3.7.6) перепишутся в виде

$$\begin{cases} x = x'\cos\alpha + y'\sin\alpha - a\cdot\cos\alpha\cdot Arsh(tg\alpha) - a\cdot\sin\alpha\cdot ch(Arsh(tg\alpha)), \\ y = -x'\sin\alpha + y'\cos\alpha + a\cdot\sin\alpha\cdot Arsh(tg\alpha) - a\cdot\cos\alpha\cdot ch(Arsh(tg\alpha)) + a; \end{cases}$$

(2.3.7.7)

$$\begin{cases} x' = x\cos\alpha - y\sin\alpha + a\cdot Arsh(tg\alpha) + a\cdot\sin\alpha, \\ y' = x\sin\alpha + y\cos\alpha + a\cdot ch(Arsh(tg\alpha)) - a\cdot\cos\alpha. \end{cases}$$

(2.3.7.8)

Учитывая, что $y' = a \cdot ch\dfrac{x'}{a}$, из системы (2.3.7.8) получаем

$$a\cdot ch\frac{x\cos\alpha - y\sin\alpha + a\cdot Arsh(tg\alpha) + a\cdot\sin\alpha}{a} =$$
$$= x\sin\alpha + y\cos\alpha + a\cdot ch(Arsh(tg\alpha)) - a\cdot\cos\alpha. \tag{2.3.7.9}$$

Уравнение (2.3.7.9) – неявное задание катены в «новой», повернутой системе координат. Явное задание $y = y(x)$ невозможно, поскольку функция $y(x)$ является двузначной, т.е. каждому значению x соответствуют два значения y (кроме точки $A(0, a)$).

Вводя обозначение $x' = t$, из системы (2.3.7.7) получаем параметрическое задание функции, определяющей катену в «новой» системе координат

$$\begin{cases} x = t\cos\alpha + a\cdot ch\dfrac{t}{a}\cdot\sin\alpha - a\cdot\cos\alpha\cdot Arsh(tg\alpha) - a\cdot\sin\alpha\cdot ch(Arsh(tg\alpha)), \\[2mm] y = -t\sin\alpha + a\cdot ch\dfrac{t}{a}\cdot\cos\alpha + a\cdot\sin\alpha\cdot Arsh(tg\alpha) - a\cdot\cos\alpha\cdot ch(Arsh(tg\alpha)) + a, \end{cases}$$

(2.3.7.10)

где параметр t изменяется от t_0 до какого-то значения t_N.

Для построения полукатеноидальных бойков используется только участок AB, поэтому значение параметра t_0 берем таким, при котором

$$\begin{cases} x = 0, \\ y = a. \end{cases}$$

t_0 получаем из уравнения

$$t_0 \cos\alpha + a \cdot ch\frac{t_0}{a} \cdot \sin\alpha - a \cdot \cos\alpha \cdot Arsh(tg\alpha) - a \cdot \sin\alpha \cdot ch(Arsh(tg\alpha)) = 0.$$

(2.3.7.11)

Принимая различные значения угла поворота α, получаем так называемую «развертку» катены (рисунок 2.3.7.4).

Для решения задачи построения полукатеноидальных бойков ударных механизмов, представляющих собой выполненные из твердых материалов тела вращения, образующей которых является участок катены, повернутой на определенный угол, составлена компьютерная программа в математическом пакете Maple.

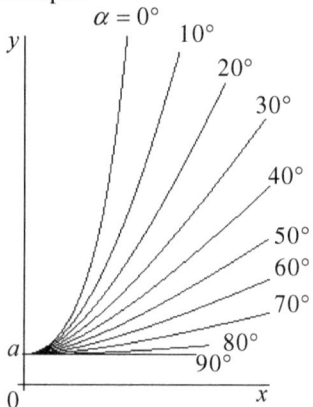

Рисунок 2.3.7.4 – «Развертка» катены

Программа обеспечивает получение различных видов полукатеноидальных бойков, каждый из которых является оптимальным для разрушения определенной по крепости горной породы. Программа может применяться при проведении инженерных расчетов ударных систем технологического назначения.

Текст программы «Построение полукатеноидальных бойков ударных механизмов»:
- ➢ `m:=5;p:=evalf(7850/1000^3);V:=evalf(m/p);` - задание массы и удельного веса материала бойка; вычисление объема;
- ➢ `a:=16;` - задание параметра катены;
- ➢ `n:=18;` - задание числа, на которое будет разбито (2π), для построения бойков с различными значениями параметра α;

- alpha[0]:=0; - угол $\alpha_0 = 0$ для построения исходного полукатеноидального бойка;
- l[0]:=fsolve(V=Pi*int((a*cosh(z/a))^2,z=0..z1),z1); - вычисление длины исходного полукатеноидального бойка;
- yl[0]:=a*cosh(l[0]/a); - вычисление диаметра неударного торца исходного полукатеноидального бойка;
- plot([[t,a*cosh(t/a),t=0..l[0]],[t,-a*cosh(t/a),t=0..l[0]],[[0,-16],[0,16]],[[l[0],yl[0]],[l[0],-yl[0]]]],view=[0..800,-170..170],color=black,thickness=2); - построение исходного полукатеноидального бойка в масштабе;
- for i from 1 by 1 to n do - цикл для построения полукатеноидальных бойков с различными характеристиками;
  alpha[i]:=alpha[i-1]+Pi/(2*n); - угол поворота координатных осей;
  x0[i]:=evalf(a*sin(alpha[i])+a*arcsinh(tan(alpha[i])));
  y0[i]:=evalf(a*cosh(arcsinh(tan(alpha[i])))-a*cos(alpha[i])); - определение координат точку, в которую смещается начало координат;
  t0[i]:=fsolve(t*cos(alpha[i])+a*cosh(t/a)*sin(alpha[i])=x0[i]*cos(alpha[i])+y0[i]*sin(alpha[i]),t); - нижняя граница изменения параметра t;
  x[i]:=t*cos(alpha[i])+a*cosh(t/a)*sin(alpha[i])-x0[i]*cos(alpha[i])-y0[i]*sin(alpha[i]);
  y[i]:=-t*sin(alpha[i])+a*cosh(t/a)*cos(alpha[i])-y0[i]*cos(alpha[i])+x0[i]*sin(alpha[i]); - параметрическое задание катены в повернутой системе координат;
  tl[i]:=fsolve(V=Pi*int(y[i]^2*diff(x[i],t),t=t0[i]..t1[i]),t1[i]); - определение верхней границы изменения параметра t;
  l[i]:=evalf(tl[i]*cos(alpha[i])+a*cosh(tl[i]/a)*sin(alpha[i])-x0[i]*cos(alpha[i])-y0[i]*sin(alpha[i])); - вычисление длины ударника;
  yl[i]:=evalf(-tl[i]*sin(alpha[i])+a*cosh(tl[i]/a)*cos(alpha[i])-y0[i]*cos(alpha[i])+x0[i]*sin(alpha[i]));
  Dn[i]:=2*yl[i]; - вычисление диаметра неударного торца бойка;
  plot([[x[i],y[i],t=t0[i]..tl[i]],[x[i],-y[i],t=t0[i]..tl[i]],[[0,-16],[0,16]],[[l[i],yl[i]],[l[i],-yl[i]]]],view=[0..800,-170..170],color=black,thickness=2) - построение в масштабе полукатеноидальных бойков с различными характеристиками ;
  od;

На программу «Построение полукатеноидальных бойков ударных механизмов» было получено Свидетельство о регистрации программ для ЭВМ №2012612133 от 24.02.2012 [151].

По описанному выше способу в качестве примера построены полукатеноидальные бойки с различными характеристиками при следующих исходных данных: массы бойков равны $m = 3кг$, материал бойков – сталь с удельным весом $\gamma = 7850кг/м^3$, объем, следовательно, $V = 6{,}37 \cdot 10^5 мм^3$, угол поворота α изменялся от 0 до $\dfrac{\pi}{2}$ с шагом $\dfrac{\pi}{18}$. Параметр $a = 16$, т.е. диаметр ударного торца $d_0 = 32мм$. Результаты вычислений сведены в таблицу 2.3.7.1 и представлены на рисунке 2.3.7.5.

Таблица 2.3.7.1 – Результаты построения полукатеноидальных бойков

Параметры / Угол поворота $\alpha,^{\circ}$	Длина бойка ℓ, мм	Диаметр неударного торца D, мм
0	43,4	242
10	52,2	188,
20	60,7	163,4
30	69,8	146,1
40	80,7	131,7
50	94,6	118,3
60	114,2	104,6
70	146,2	89
80	214,3	68,3
→90	475	32

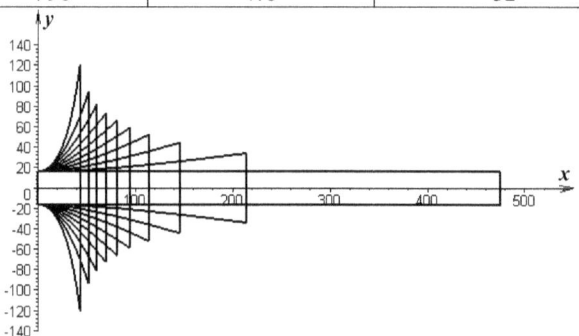

Рисунок 2.3.7.5 – Полукатеноидальные бойки с различными
характеристиками

Как видно из таблицы 2.3.7.1, при угле поворота, стремящемся к $\dfrac{\pi}{2}$, полукатеноидальный боёк приближается к цилиндрическому с сечением, равным сечению штанги. При этом длина бойка резко возрастает, что делает его нерациональным для применения в практике.

При повороте координатных осей на угол от 0 до $\dfrac{2\pi}{9}$, зависимость длины бойка от этого угла $\ell = \ell(\alpha)$ с достаточной степенью точности может быть представлена в виде линейной функции

$$\ell = 47.5 + \frac{216}{\pi}\alpha. \tag{2.3.7.12}$$

Для отыскания формы ударного импульса, генерируемого полукатеноидальным бойком, необходимо наличие явной зависимости площади поперечного сечения S бойка от изменяющейся координаты x:

$$S(x) = \pi \cdot y^2(x), \tag{2.3.7.13}$$

значит необходимо и наличие в явном виде функции, описывающей образующую боковой поверхности ударника. Но, как уже было отмечено, выразить явную зависимость $y(x)$ в повернутых координатных осях не представляется возможным. Поэтому была предпринята попытка описания катены аппроксимирующей функцией.

Возможны два пути решения поставленной задачи:
- аппроксимация еще не повернутой катены;
- аппроксимация катены в повернутой системе координат.

1. Простым методом подбора еще не повернутая цепная линия может быть описана кубической функцией, принимая параметр $a = 16$:

$$y' = 16ch\frac{x'}{16} \;\rightarrow\; y' \approx \frac{1}{715}x'^3 + 16. \tag{2.3.7.14}$$

Но аппроксимация катены такой функцией также неэффективна по следующим причинам:

– принимая различные значения x, относительная погрешность значения y колеблется от 0,7 до 11% при $x \in [0;60]$, что естественно не удовлетворяет требованиям точности инженерных расчетов;

– дальнейшее применение данной функции для описания катены при повороте координатных осей опять же усложняет последующие расчеты, т.к. появляется иррациональность при выражении x' из уравнения (2.3.7.14) и подстановке его в (2.3.7.9), чтобы описать кривую явной функцией. Все это приводит к большим математическим сложностям, возникающим при решении системы дифференциальных волновых уравнений для отыскания формы ударного импульса.

2. Можно также аппроксимировать катену уже в повернутой системе координат. Для примера, повернем координатные оси на угол $\alpha = \dfrac{7\pi}{18}\,pad = 70°$ (рисунок 3.3.7.6). Как и раньше $a = 16$, т.е. $d_0 = 32$ мм.

При этом система (3.3.7.10) запишется в виде

$$\begin{cases} x = t\cos\dfrac{7\pi}{18} + 16ch\dfrac{t}{16}\sin\dfrac{7\pi}{18} - 42{,}8\cos\dfrac{7\pi}{18} - 41{,}3\sin\dfrac{7\pi}{18}, \\ y = -t\sin\dfrac{7\pi}{18} + 16ch\dfrac{t}{16}\cos\dfrac{7\pi}{18} - 41{,}3\cos\dfrac{7\pi}{18} + 42{,}8\sin\dfrac{7\pi}{18}. \end{cases} \tag{2.3.7.15}$$

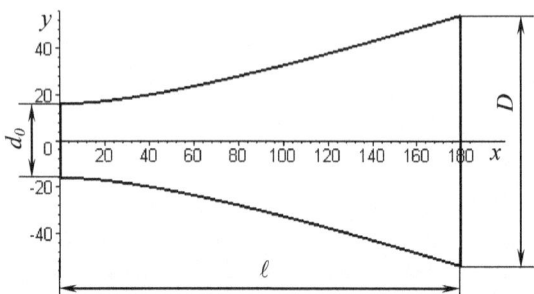

Рисунок 2.3.7.6 – Полукатеноидальный боёк при угле поворота $\alpha = 70°$

Из условия заданной массы бойка, например, $m = 5\,кг$, находим границы изменения параметра $t \in [t_0, t_\ell]$.

Решая уравнение

$$0 = t_0 \cos\frac{7\pi}{18} + 16ch\frac{t_0}{16}\sin\frac{7\pi}{18} - 42{,}8\cos\frac{7\pi}{18} - 41{,}3\sin\frac{7\pi}{18}, \quad (2.3.7.16)$$

находим $t_0 = 27{,}77$.

Значение t_ℓ находим из уравнения

$$V = \pi \int_{t_0}^{t_\ell} y^2(t) \cdot \frac{dx(t)}{dt} \cdot dt, \qquad (2.3.7.17)$$

$$t_\ell = 53{,}62.$$

Длина бойка и диаметр неударного торца при этом будут следующие

$$\ell = t_\ell \cos\frac{7\pi}{18} + 16ch\frac{t_\ell}{16}\sin\frac{7\pi}{18} - 42{,}8\cos\frac{7\pi}{18} - 41{,}3\sin\frac{7\pi}{18} = 180мм,$$

$$D = 2\left(-t_\ell \sin\frac{7\pi}{18} + 16ch\frac{t_\ell}{16}\cos\frac{7\pi}{18} - 41{,}3\cos\frac{7\pi}{18} + 42{,}8\sin\frac{7\pi}{18}\right) = 108мм.$$

$$(2.3.7.18)$$

Как видно из рисунка 2.3.7.6, катену условно можно разделить на криволинейный при $x \in [0;80]$ и почти прямолинейный при $x \in [80;180]$ участки.

Найдём приближенные функции, наиболее точно описывающие катену на этих участках.

Найдём значение y при $x = 80$. Решая уравнение

$$80 = t_{80} \cos\frac{7\pi}{18} + 16ch\frac{t_{80}}{16}\sin\frac{7\pi}{18} - 42{,}8\cos\frac{7\pi}{18} - 41{,}3\sin\frac{7\pi}{18},$$

$$(2.3.7.19)$$

находим соответствующий параметр $t_{80} = 44$. При этом

$$y_{80} = -t_{80}\sin\frac{7\pi}{18} + 16ch\frac{t_{80}}{16}\cos\frac{7\pi}{18} - 41{,}3\cos\frac{7\pi}{18} + 42{,}8\sin\frac{7\pi}{18} = 27{,}8. \quad (2.3.7.20)$$

Составляем уравнение прямой, проходящей через две точки $(80, y_{80})$ и $\left(\ell, \dfrac{D}{2}\right)$

$$\frac{y_{\text{лин}} - y_{80}}{\dfrac{D}{2} - y_{80}} = \frac{x - 80}{\ell - 80},$$

$$y_{\text{лин}} = 6,86 + 0,26x. \tag{2.3.7.21}$$

При этом максимальная относительная погрешность аппроксимации не будет превышать 2%

$$\delta_{\max}^{\text{лин}} = \frac{\left| y(118) - y_{\text{лин}}(118) \right|}{y(118)} \cdot 100\% = 1,4\%. \tag{2.3.7.22}$$

Т.к. при изготовлении ударника возможна небольшая погрешность и в горном деле допускается производить все расчеты с погрешностью до 2%, то полученное значение $\delta_{\max}$ не противоречит этим условиям.

Функцию, описывающую катену на криволинейном участке, найдем интерполяцией полнимом Лагранжа

$$L = \sum_{i=1}^{n} y_i \prod_{j=1}^{n} \frac{x - x_j}{x_i - x_j}, \tag{2.3.7.23}$$

где x_i – точки, в которых заданы значения y_i;

n – количество заданных точек.

Из системы (2.3.7.15) находим точки (x_i, y_i), принимая $n = 4$ (таблица 2.3.8.2).

Таблица 2.3.7.2 – Значения (x_i, y_i).

i	1	2	3	4
x_i	0	80/3	160/3	80
y_i	16	17,93	22,23	27,8

В результате всех вычислений получаем полином $(n-1)$-ой степени, т.е. кубический

$$y_{\text{куб}} = -0,0000096x^3 + 0,0024x^2 + 0,014x + 16. \tag{2.3.7.24}$$

При этом максимальная относительная погрешность будет при $x = 80$

$$\delta_{\max}^{\text{куб}} = \frac{\left| y(80) - y_{\text{куб}}(80) \right|}{y(80)} \cdot 100\% = 0,83\%, \tag{2.3.7.25}$$

она тоже не превышает 2%.

Таким образом, получается аппроксимация повернутой катены двумя более простыми для дальнейшего использования функциями

$$y = 16 \cdot ch\frac{x}{16} \rightarrow \begin{cases} y_{\text{куб}} = -0,0000096x^3 + 0,0024x^2 + 0,014x + 16; \ x \in [0, 60]; \\ y_{\text{лин}} = 6,86 + 0,26x; \ x \in [60, \ell]. \end{cases}$$

$$\tag{2.3.7.26}$$

Ударник, боковая поверхность которого описана образующей в виде (2.3.7.26), показан на рисунке 2.3.8.5.

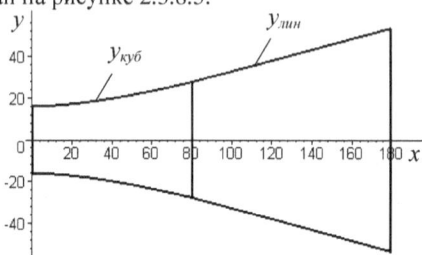

Рисунок 2.3.7.7 – Квазикатеноидальный ударник

Использование функций (2.3.7.26) с достаточной степенью точности позволяет описать полукатеноидальный боёк в более простой форме, что существенно упрощает отыскание генерируемого им ударного импульса.

Форма ударного импульса, генерируемого полукатеноидальными бойками, построенными в повернутой системе координат, качественно соответствует ударному импульсу, показанному на рисунке 2.3.3.2, найденному с помощью компьютерной программы «Анализ форм бойков ударных механизмов». Количественная оценка форм бойков и ударных импульсов приведена в таблице 2.3.7.3. Расчеты производились при следующих исходных параметрах: масса бойков $m = 4\,\text{кг}$, предударная скорость $V_0 = 8\,\text{м}/\text{с}$, диаметр ударного торца $d_0 = 38,2\,\text{мм}$, угол поворота координатных осей принимался в диапазоне от 20 до 80° с шагом 20°. Результаты расчетов для полукатеноидального бойка с углом поворота 0° соответствуют исходному бойку и содержатся в таблице 2.3.6.3. Результаты расчетов со значением угла поворота 90° соответствуют цилиндрическому бойку равного с волноводом сечения.

Таблица 2.3.7.3 – Анализ повернутых полукатеноидальных бойков

Угол поворота, $\alpha,^\circ$		20	40	60	80
Параметры бойка и ударного импульса	**Обозначение, размерность**	**Величина**			
Диаметр неударного торца	D, мм	176,96	143,22	113,92	74,45
Отношение диаметров	D/d_0	4,63	3,75	2,98	1,95
Длительность импульса, генерируемого цилиндрическим бойком равного с волноводом сечения	t_0, мкс	177,8			
Время достижения максимальной амплитуды импульса	$t_{\max}$, мкс	26,9	35,4	49,5	90,0
Длительность первой волны	$t_{пв}$, мкс	26,9	35,4	49,5	90,0
	$t_{\max}/t_{пв}$	1,0			
Длительность импульса, генерируемого цилиндрическим	F_0, кН	188,92			

бойком равного с волноводом сечения					
Максимальная амплитуда	F_{max}, кН	388,94	371,30	355,30	305,40
Отношение величины максимальной амплитуды импульса к величине амплитуды импульса, генерируемой цилиндрическим бойком равного с волноводом сечения	$\dfrac{F_{max}}{F_0}$	2,059	1,966	1,881	1,617
Импульс силы от цилиндрического бойка равного с волноводом сечения за время t_0	p_0, кН·мкс	33597			
Импульс силы за время t_0	p, кН·мкс	29269	29345	29507	30128
Отношение импульса силы исследуемого бойка к импульсу силы цилиндрического бойка равного с волноводом сечения	$\dfrac{p}{p_0} \cdot 100$, %	87,1	87,3	87,8	89,7

Статистический анализ обработки результатов расчетов (рисунок 2.3.7.8) свидетельствует о том, что:

– основные параметры бойка и ударного импульса при значении угла поворота координатных осей в диапазоне $0° \leq \alpha \leq 60°$ с погрешностью до 10% могут быть описаны линейными эмпирическими зависимостями

$$\frac{D}{d_0} = 6,3 - 0,06\alpha, \tag{2.3.7.27}$$

$$t_{пв} = 18,2 - 0,5\alpha, \tag{2.3.7.28}$$

$$\frac{F_{max}}{F_0} = 2,132 - 0,004\alpha, \tag{2.3.7.29}$$

$$\frac{p}{p_0} \cdot 100 = 87,0 - 0,01\alpha; \tag{2.3.7.30}$$

– при значении угла поворота, превышающем 80°, параметры ударного импульса ухудшаются с экспоненциальной интенсивностью, что свидетельствует о нерациональности применения полукатеноидальных бойков с углом поворота $\alpha > 80°$.

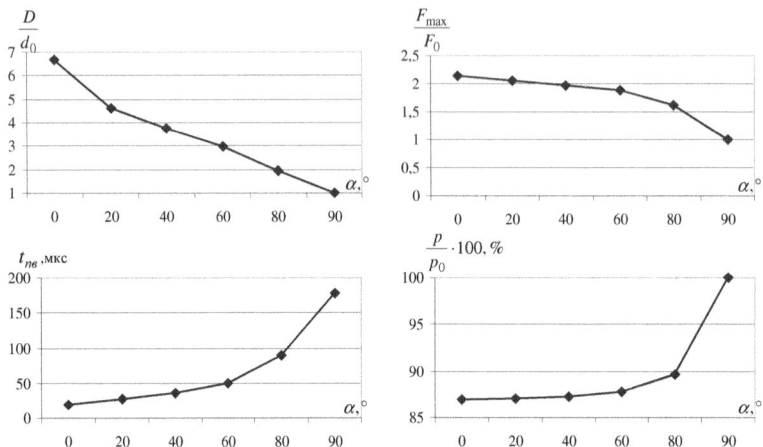

Рисунок 2.3.7.8 – Графики зависимостей параметров полукатеноидального бойка и генерируемого им ударного импульса от угла поворота

Таким образом, представляется весьма актуальной задача оптимизации конструктивных размеров полукатеноидальных бойков, образованных различными участками катены при повороте системы координат.

Если напряжение между сечениями стержня будет в пределах допускаемых $(\sigma \le 800 МПа)$, то применительно к стержням с поперечным сечением, используемым, например, для бурения шпуров $(S = 800 мм^2)$, возможно допустить усилие взаимодействия ударника со штангой до 600кН. При этом критическая длина, обеспечивающая устойчивость стержня, составит около 1м, следовательно, боёк не должен превышать $l = 0,5м$, а масса его при разумных поперечных сечениях должна быть ограничена 15кг. Под разумными поперечными сечениями понимается ограничение размера отверстия в корпусе ударной машины, в котором располагается ударник, так называемый «грязный» диаметр отверстия не должен превышать 200мм. Соответственно, диаметр неударного торца бойка должен быть $D < 180мм$. В известных ударных установках установлена минимальная масса бойка в размере 2кг. В целях обеспечения продольной устойчивости ударника его длина не может быть больше диаметра неударного торца. Предыдущими расчетами установлено, что для сохранения свойств катены отношение длины ударника к диаметру неударного торца не может превышать 2,5.

Т.е. на бойки, используемые в ударных системах технологического назначения, налагаются следующие ограничивающие условия:

1) масса $2кг \le m \le 15кг$;

2) длина ударника $L \le 0,5м$;

3) отношение длины ударника к диаметру неударного торца $\frac{L}{D} = 1 \div 2,5$.

Проведем поиск оптимального угла поворота координатных осей, при котором образуется полукатеноидальный боёк, удовлетворяющий вышесказанным условиям, с использованием разработанной компьютерной программы «Построение полукатеноидальных бойков ударных механизмов».

При построении полукатеноидальных бойков с диаметром ударного торца $d_0 = 32 мм$ и минимальным значением массы $m = 2 кг$ получаем график зависимости отношения $\frac{L}{D}$ от угла поворота (рисунок 2.3.7.9)

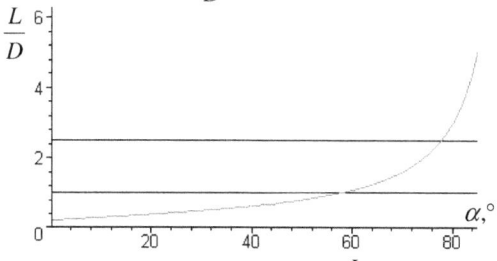

Рисунок 2.3.7.9 – График зависимости $\frac{L}{D}$ от α при $m = 2кг$

Согласно ограничивающим условиям делаем вывод о том, что поворот координатных осей на угол $\alpha < 58°$ и $\alpha > 77°$ нецелесообразен. Остальные условия при $m = 2кг$ и $58° \leq \alpha \leq 77°$ удовлетворяются. Проводя аналогичные исследования с использованием составленной программы получаем диапазон оптимальных значений угла поворота координатных осей при построении полукатеноидальных ударников в зависимости от требуемой массы бойка, который представлен на рисунке (2.3.7.10).

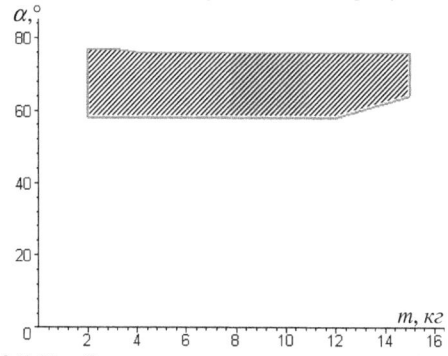

Рисунок 2.3.7.10 – Диапазон оптимальных значений угла поворота координатный осей

Каждый из получаемых полукатеноидальных боков при повороте координатных осей на угол, значение которого лежит в данном диапазоне, будет являться оптимальным для разрушения какой-либо из различающихся по крепости хрупких сред.

Возможно, что полученный диапазон будет несколько меньше найденного. Его поиск требует нахождения и сравнения форм ударных импульсов, генерируемых полукатеноидальными бойками.

Согласно ранним исследованиям, посвященным определению формы импульса, оптимально передающего энергию хрупким средам малой и средней крепости, эффективность передачи импульса увеличивается с увеличением отношения максимальной амплитуды импульса продольных колебаний к начальному значению в нулевой момент времени (т.е. в момент соударения).

За критерий оптимизации принимается функция $\dfrac{F_{max}}{F_0}(\alpha)$, наибольшее значение которой и будет указывать на оптимум. Решение будет считаться оптимизированным, если оно будет удовлетворять трем вышеописанным ограничениям к конструкции бойков ударных механизмов и если оно будет обеспечивать наибольшее значение заданного единственного критерия оптимизации.

С помощью компьютерной программы «Анализ форм бойков ударных механизмов» определяется график функции $\dfrac{F_{max}}{F_0}(\alpha)$ для полукатеноидального ударника с $m = 2кг$ (рисунок 2.3.7.11).

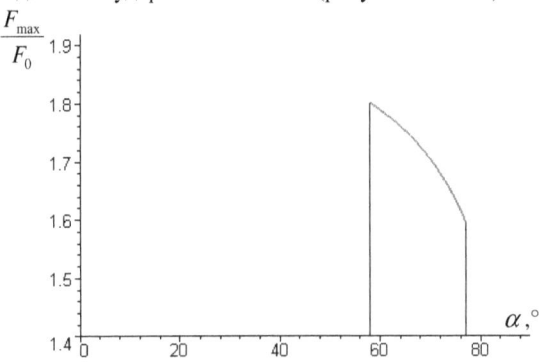

Рисунок 2.3.7.11 – График функции $\dfrac{F_{max}}{F_0}(\alpha)$ для полукатеноидального бойка массой $m = 2кг$

Анализируя полученный график, делам вывод, что оптимальным углом поворота координатных осей при построении полукатеноидального ударника массой $m = 2кг$ является значение $\alpha = 58°$ ($\dfrac{F_{\max}}{F_0}(58°) = 1{,}8$).

Проводя аналогичные исследования, получаем оптимальные значения углов поворота для бойков различной массы (рисунок 2.3.7.12).

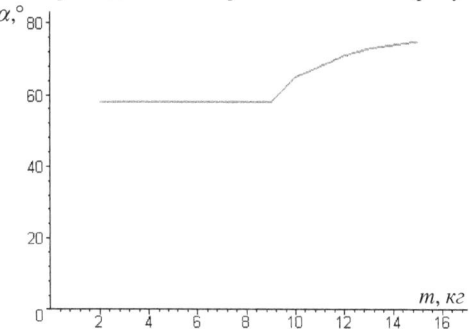

Рисунок 2.3.7.12 – Оптимальный угол поворота координатных осей при построении полукатеноидальных ударников

График зависимости оптимальных значений $\dfrac{F_{\max}}{F_0}(\alpha_{оптим})$ в зависимости от массы ударника представлен на рисунке (2.3.7.13).

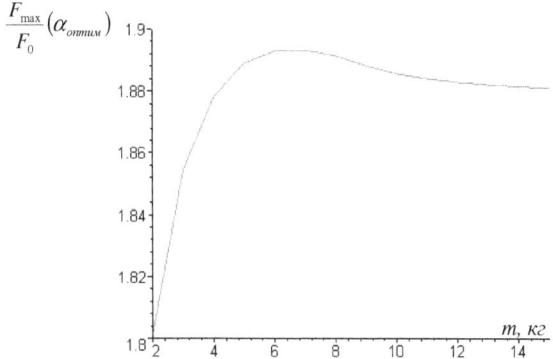

Рисунок 2.3.7.14 – Зависимость функции $\dfrac{F_{\max}}{F_0}(\alpha_{оптим})$ от массы бойка

В результате проведенных исследований можно сделать вывод, о том что наиболее рациональным будет использовать в ударных системах, применяемых для разрушения хрупких сред малой и средней крепости полукатеноидальный боёк с параметрами $m = 6 \div 7кг$, $\alpha = 58°$.

2.4 Разработка и исследование цилиндро-псевдосферических бойков ударных механизмов

Одним из уникальных бойков ударных систем является псевдосферический (п. 20 табл. 2.1.1), особенность которого заключается в том, при нанесении им удара по волноводу генерируется волна упругой деформации, амплитуда которой на переднем фронте нарастает по линейному закону, причем отклонение от линейности не превышает 1,5%, а такой параметр импульса как $\dfrac{F_{max}}{F_0}$ имеет значение больше 2. Такие бойки имеют недостаток, обусловленный отсутствием цилиндрической части, способной обеспечить им устойчивое положение в корпусе машины ударного действия, что делает их непригодным для практики.

Однако применение псевдосферических бойков всё же возможно. Сущность решения проблемы заключается в том, что предлагается боёк, состоящий из жестко соединенных между собой цилиндра и коаксиально расположенного в нем штока, причем боковая поверхность штока является псевдосферической, т.е. поверхностью постоянной отрицательной кривизны, образуемой вращением кривой, называемой трактрисой, около её асимптоты.

На рисунке 2.5.1 показан предлагаемый цилиндро-псевдосферический боёк, содержащий цилиндр 1 и коаксиально расположенный в нём шток 2, боковая поверхность которого образуется вращением кривой, называемой трактрисой, около её асимптоты.

Известно, что трактриса в декартовой системе координат описывается параметрическими уравнениями [134]

$$\left.\begin{aligned} x &= a \cdot \cos\varphi + a \cdot \ln tg\frac{\varphi}{2}, \\ y &= a \cdot \sin\varphi, \end{aligned}\right\} \ (0 < \varphi < \pi). \qquad (2.4.1)$$

Поверхность, образованная вращением трактрисы, описываемой уравнением (3.5.1), около её асимптоты, называется псевдосферой [134], кривизна которой имеет постоянное отрицательное значение.

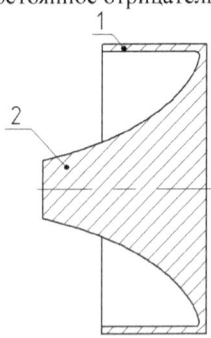

Рисунок 2.4.1 – Цилиндро-псевдосферический боёк

Наличие цилиндра 1 обеспечивает бойку устойчивое положение в корпусе ударной машины.

На рисунке 2.4.2 представлена форма первой волны ударного импульса, генерируемого в волноводе при ударе по нему псевдосферическим бойком, вычисленная с использованием компьютерной программы «Анализ форм бойков ударных механизмов» при исходных данных: масса бойка $m = 4\textit{кг}$, предударная скорость $V_0 = 8\textit{м}/\textit{c}$, диаметр ударного торца $d_0 = 32\textit{мм}$. Параметры импульса: $t_{пв} = 35{,}9\textit{мкс}$, $\dfrac{F_{\max}}{F_0} = 2{,}121$, $\dfrac{p}{p_0} \cdot 100 = 87{,}2\%$.

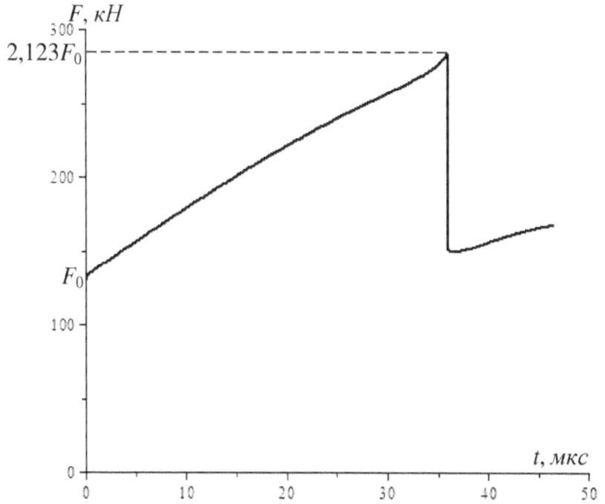

Рисунок 2.4.2 – Ударный импульс, генерируемый псевдосферическим бойком

В результате статистической обработки результатов вычислений найдена описывающая первую волну ударного импульса эмпирическая зависимость

$$F = 132{,}72 + 4{,}24t. \tag{2.4.2}$$

Погрешность вычислений по формуле (2.4.2) составляет максимум 1,8%.

Таким образом, боёк, состоящий из жестко соединенных между собой цилиндра и коаксиально расположенного в нем штока, боковая поверхность которого является поверхностью постоянной отрицательной кривизны, образуемой вращением трактрисы около её асимптоты, генерирует ударный импульс с непрерывно возрастающей амплитудой по линейному закону, что позволяет повысить эффективность передачи энергии обрабатываемой среде.

Проведем сравнительный анализ цилиндро-псевдосферического бойка и полукатеноидального при условии равенства параметров: масса $m = 4\textit{кг}$, предударная скорость $V_0 = 8\textit{м}/\textit{c}$, диаметр ударного торца

$d_0 = 32 мм$. Результаты вычислений ударного импульса представлены в таблице 3.4.1

Таблица 2.4.1 – Сравнение цилиндро-псевдосферического бойка с полукатеноидальным

Форма бойка		Полу-катеноидальный	Цилиндро-псевдосферический
Параметры бойка и ударного импульса	Обозначение, размерность	Величина	
Диаметр неударного торца	D, мм	242	146,5
Отношение диаметров	$\dfrac{D}{d_0}$	7,56	4,56
Длительность импульса, генерируемого цилиндрическим бойком равного с волноводом сечения	t_0, мкс	190,1	
Время достижения максимальной амплитуды импульса	t_{max}, мкс	16,6	35,9
Длительность первой волны	$t_{пв}$, мкс	17,4	35,9
	$\dfrac{t_{max}}{t_{пв}}$	0,95	1,0
Длительность импульса, генерируемого цилиндрическим бойком равного с волноводом сечения	F_0, кН	132,57	
Максимальная амплитуда	F_{max}, кН	282,63	281,2
Отношение величины максимальной амплитуды импульса к величине амплитуды импульса, генерируемой цилиндрическим бойком равного с волноводом сечения	$\dfrac{F_{max}}{F_0}$	2,132	2,121
Импульс силы от цилиндрического бойка равного с волноводом сечения за время t_0	p_0, кН·мкс	25194	
Импульс силы за время t_0	p, кН·мкс	21895	21978
Отношение импульса силы исследуемого бойка к импульсу силы цилиндрического бойка равного с волноводом сечения	$\dfrac{p}{p_0} \cdot 100$, %	86,9	87,2

Из таблицы 2.4.1 очевидно, что для псевдосферического бойка по сравнению с полукатеноидальным значение отношения $\dfrac{F_{max}}{F_0}$ лишь на 5% меньше, а импульс силы на 0,3% больше. Таким образом, можно сделать вывод, что псевдосферический боёк [152] при несущественно отличающихся параметрах ударных импульсов по сравнению с полукатеноидальным обладает преимуществом по габаритным размерам: диаметр его неударного торца в 1,65 раза меньше одноименного торца полукатеноидального бойка, что делает его значительно более выгодным с точки зрения рационального проектирования ударных систем, т.к. позволяет сократить расход металла на изготовление бойка и корпусных элементов.

На разработанный ударник в 2013 году получен патент на изобретение (№2486049) [153].

3 Практическая реализация выполненных в форме тел вращения бойков ударных систем

3.1 Биметаллический ударник

Для обеспечения надежности, прочности и долговечности ударных систем технологического назначения применяют ряд некоторых требований к конструкции соударяющихся тел, к которым относятся бойки и волноводы. В частности, детали должны иметь по возможности простые геометрические формы с плавными переходами от одного сечения к другому. Детали, нагруженные ударом, должны иметь большие запасы продольной устойчивости. Усилия, развиваемые при ударе, измеряются десятками тонн, и поэтому проверка соударяющихся тел на продольную устойчивость является необходимым этапом расчета ударной системы. Запасы продольной устойчивости должны быть очень большими еще и потому, что всегда существует радиальная составляющая удара из-за косого и нецентрального удара, которая вызывает поперечные колебания бойков и волноводов.

Бойки ударных систем, образованные в форме тел вращения, образующей которых являются гладкие плоские кривые (например, рисунок 2.3.7.5), оказываются весьма сложными телами с точки зрения изготовления и встраивания в реальную конструкцию машины, т.к. не содержат поршневой ступени, способной обеспечить необходимый запас продольной устойчивости.

Учитывая это обстоятельство, был предпринят поиск форм ударников, которые бы, обладая преимуществами гладких тел вращения, могли быть установлены в конструкции современных ударных систем.

На рисунке 3.1.1 показана возможная практическая реализация синтезируемых бойков. Представленный боек ударного механизма содержит цилиндрическую поршневую часть 1, обеспечивающую ему устойчивое положение в корпусе механизма, и цилиндрическую ударную часть 2. Переход между этими частями выполнен в виде конуса, что уменьшает количество отражений при проходе ударной волны. В основном материале бойка выполнена внутренняя полость 3, заполненная материалом с удельным весом, отличным от удельного веса основного материала бойка. При этом форма внутренней полости такова, что по приведенному удельному весу ударник будет идентичен бойку в виде гладкого тела вращения по запасенной энергии удара.

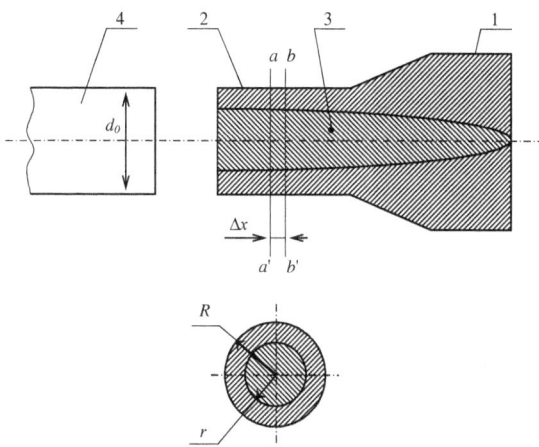

Рисунок 3.1.1 – Практическая реализация бойков

Покажем условие идентичности.

В поперечном сечении любого вырезанного элементарного слоя a-a', b'-b толщиной Δx имеется кольцо, образованное основным материалом бойка, и окружность, образованная материалом внутренней полости бойка.

Площадь кольца, образованного основным материалом бойка

$$S_1 = \pi\left(R^2 - r^2\right),\qquad (3.1.1)$$

где R – радиус внешней окружности кольца, образованного основным материалом,

r – радиус внутренней окружности кольца, образованного основным материалом, или радиус наружной окружности, образованной материалом внутренней полости бойка.

Объем слоя основного материала

$$V_1 = S_1 \cdot \Delta x.\qquad (3.1.2)$$

Вес слоя основного материала

$$P_1 = V_1 \cdot \gamma_1,\qquad (3.1.3)$$

где γ_1 – удельный вес основного материала бойка.

Площадь окружности, образованной материалом внутренней полости бойка

$$S_2 = \pi r^2.\qquad (3.1.4)$$

Объем слоя материала внутренней полости бойка

$$V_2 = S_2 \cdot \Delta x.\qquad (3.1.5)$$

Вес слоя материала внутренней полости бойка

$$P_2 = V_2 \cdot \gamma_2,\qquad (3.1.6)$$

где γ_2 – удельный вес материала внутренней полости бойка.

Обратимся теперь к бойку, представляющему собой выполненное из твердого материала тело вращения (например, рисунок 2.3.7.5), образующей которого является участок гладкой плоской кривой, которая описывается некоторой зависимостью

$$\rho = \rho(x). \tag{3.1.7}$$

Площадь поперечного сечения такого бойка

$$S_3 = \pi \rho^2. \tag{3.1.8}$$

Объем элементарного слоя, выделенного в теле вращения

$$V_3 = S_3 \cdot \Delta x. \tag{3.1.9}$$

Вес элементарного слоя

$$P_3 = V_3 \cdot \gamma_3, \tag{3.1.10}$$

где γ_3 – удельный вес материала бойка.

С учетом того, что $\gamma_3 = \gamma_1$, между приведенным бойком в виде тела вращения и ступенчатым бойком по рисунку 3.1.1 очевидной является связь в виде

$$P_1 + P_2 = P_3, \tag{3.1.11}$$

которая обеспечивает равенство запасенных перед ударом кинетических энергий удара при условии равенства скоростей разгона V_0

$$T_1 + T_2 = T_3,$$

$$\frac{m_1 V_0}{2} + \frac{m_2 V_0}{2} = \frac{m_3 V_0}{2},$$

$$m_1 + m_2 = m_3.$$

Откуда, согласно (3.1.1-3.1.6, 3.1.8-3.1.10)

$$\pi(R^2 - r^2)\Delta x \cdot \gamma_1 + \pi r^2 \cdot \Delta x \cdot \gamma_2 = \pi \rho^2 \cdot \Delta x \cdot \gamma_1, \tag{3.1.12}$$

Из формулы (3.1.12), полагая известной форму основной части бойка, то есть R, можно найти радиус окружности, образованной материалом внутренней полости бойка, который определится формулой

$$r = \sqrt{\frac{(R^2 - \rho^2)\gamma_1}{\gamma_1 - \gamma_2}}. \tag{3.1.13}$$

Обозначив через $\lambda = \dfrac{\gamma_1}{\gamma_2}$, получаем

$$r = \sqrt{\frac{(R^2 - \rho^2)\lambda}{\lambda - 1}}, \tag{3.1.14}$$

который однозначно определяет форму внутренней полости бойка, при которой боек, показанный на рисунке 3.1.1, и боек, выполненный в форме тела вращения гладкой кривой, будут идентичны по энергиям удара.

На биметаллический боек ударного механизма получен Патент РФ №2234583 [154].

3.2 Триплекс-боёк

Недостатком биметаллического бойка является отличие его волновых свойств от свойств синтезированного бойка, в силу различия модулей упругости, а также сложность их технологического изготовления в случае применения операций механической обработки отдельных частей.

Решение поставленной проблемы возможно путем создания бойка ударного механизма (рисунок 3.2.1), который снабжается цилиндрической поршневой и ударной частями, вставкой и внутренней полостью, заполняемую материалом с удельным весом отличным от удельного веса основного материала бойка и вставки.

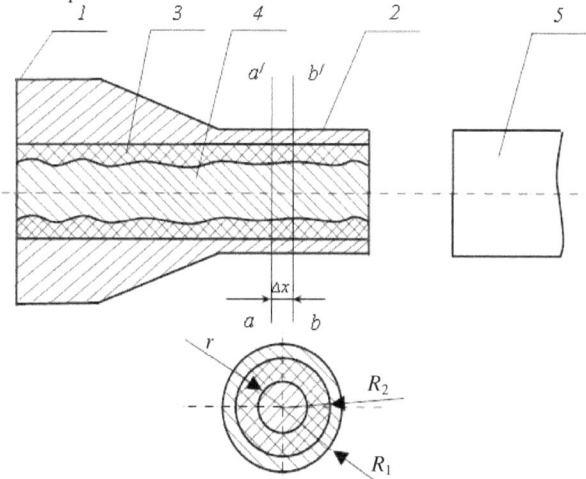

Рисунок 3.2.1 – Триплекс-боёк

Предлагаемый боёк содержит цилиндрическую поршневую часть бойка 1, цилиндрическую ударную часть 2. В основном материале бойка выполнена внутренняя полость 3, заполненная материалом с удельным весом, отличным от удельного веса основного материала бойка. Внутри полости 3 располагается вставка 4, выполненная из материала, идентичного основному материалу бойка.

Работает ударник следующим образом. На торцевую поверхность поршневой части 1 воздействует сжатый воздух или жидкость, в результате чего боёк устремляется вправо и наносит удар по волноводу 5. Энергия, запасенная бойком, передается волноводу 5 в виде упругой волны. При этом, в силу различия удельных весов материала основного корпуса и вставки с материалом, помещенным во внутреннюю полость 3, боёк будет идентичен бойку в виде гладкого тела вращения по энергии удара. Покажем условие идентичности бойков.

В поперечном сечении любого вырезанного элементарного слоя a-a', b'-b толщиной Δx имеется кольцо, образованное основным материалом бойка, кольцо, образованное материалом внутренней полости бойка, а также окружность переменного радиуса, образованная вставкой.

Площадь кольца, образованного основным материалом бойка

$$S_1 = \pi\left(R_1^2 - R_2^2\right), \tag{3.2.1}$$

где R_1 – радиус внешней окружности кольца, образованного основным материалом;

R_2 – радиус внутренней окружности кольца, образованного основным материалом, или радиус внешней окружности кольца, образованного материалом внутренней полости бойка.

Объем слоя основного материала

$$V_1 = S_1 \cdot \Delta x. \tag{3.2.2}$$

Вес слоя основного материала

$$P_1 = V_1 \cdot \gamma_1, \tag{2.2.3}$$

где γ_1 – удельный вес основного материала бойка.

Площадь кольца, образованного материалом внутренней полости бойка

$$S_2 = \pi\left(R_2^2 - r^2\right), \tag{3.2.4}$$

где r – радиус внутренней окружности кольца, образованного материалом внутренней полости бойка, или радиус наружной окружности, образованной материалом вставки.

Объем слоя материала внутренней полости бойка

$$V_2 = S_2 \cdot \Delta x. \tag{3.2.5}$$

Вес слоя материала внутренней полости бойка

$$P_2 = V_2 \cdot \gamma_2, \tag{3.2.6}$$

где γ_2 – удельный вес материала внутренней полости бойка.

Площадь окружности, образованной материалом вставки бойка

$$S_3 = \pi \cdot r^2. \tag{3.2.7}$$

Объем слоя материала вставки бойка

$$V_3 = S_3 \cdot \Delta x. \tag{3.2.8}$$

Вес слоя материала вставки бойка

$$P_3 = V_3 \cdot \gamma_1. \tag{3.2.9}$$

Обратимся теперь к бойку, представляющему собой выполненное из твердого материала тело вращения (например, рисунок 2.3.7.5), образующей которого является плоская кривая, которая описывается формулой

$$\rho = \rho(x). \tag{3.2.10}$$

Площадь поперечного сечения такого бойка

$$S = \pi\rho^2. \tag{3.2.11}$$

Объем элементарного слоя, выделенного в теле вращения

$$V = S \cdot \Delta x. \tag{3.2.12}$$

Вес элементарного слоя
$$P = V \cdot \gamma_1, \qquad (3.2.13)$$
где γ_3 – удельный вес материала бойка.

С учетом того, что $\gamma_3 = \gamma_1$, между приведенным бойком в виде тела вращения и триплекс-бойком (рисунок 3.2.1) очевидной является связь в виде
$$P_1 + P_2 + P_3 = P. \qquad (3.2.14)$$
Откуда согласно (5.4.2.1-5.4.2.9, 5.4.2.11-5.4.2.13)
$$\pi \cdot \left(R_1^2 - R_2^2\right) \cdot \Delta x \cdot \gamma_1 + \pi \cdot \left(R_2^2 - r^2\right) \cdot \Delta x \cdot \gamma_2 + \pi \cdot r^2 \cdot \Delta x \cdot \gamma_1 =$$
$$= \pi \cdot \rho^2 \cdot \Delta x \cdot \gamma_1. \qquad (3.2.15)$$

Из формулы (3.2.15), полагая известной форму основной части бойка и форму внутренней полости, то есть R_1 и R_2, можно найти радиус окружности, образованной материалом вставки бойка, который определится формулой
$$r = \sqrt{\frac{\rho^2 \cdot \gamma_1 + \left(R_2^2 - R_1^2\right) \cdot \gamma_1 - R_2^2 \cdot \gamma_2}{\gamma_1 - \gamma_2}}. \qquad (3.2.16)$$
Обозначив через $\lambda = \dfrac{\gamma_1}{\gamma_2}$, получаем
$$r = \sqrt{\frac{\left(\rho^2 + R_2^2 - R_1^2\right) \cdot \lambda - R_2^2}{\lambda - 1}}, \qquad (3.2.17)$$
который однозначно определяет форму вставки бойка, при которой боек, показанный на рисунке 3.2.1, и боек, выполненный в форме тела вращения гладкой кривой, будут идентичны по запасенной энергии удара.

Таким образом, триплекс-боек, содержащий цилиндрические поршневую и ударные части, имеющий внутреннюю полость, заполненную материалом с удельным весом, отличным от удельного веса основного материала бойка, и вставку, выполненную согласно формуле (3.2.17), по величине энергии удара будет представлять собой синтезируемое тело вращения, причем криволинейная поверхность вставки, получаемая согласно формуле (3.2.17), является внешней, что значительно упрощает процесс технологического изготовления бойка.

Для обеспечения идентичности волновых свойств триплекс-бойка и бойка в виде гладкого тела вращения должно выполняться условие равенства их модулей упругости
$$E_T = E. \qquad (3.2.18)$$
Приведенный продольный модуль упругости триплекс-бойка определяется по формуле
$$E_T = \frac{E_1 V_1 + E_2 V_2 + E_3 V_3}{V_1 + V_2 + V_3}, \qquad (3.2.19)$$
или с учетом (3.2.1, 3.2.2, 3.2.4, 3.2.5, 3.2.7, 3.2.8)

$$E_T = \frac{E_1\left(R_1^2 - R_2^2\right) + E_2\left(R_2^2 - r^2\right) + E_3 r^2}{R_1^2}. \qquad (3.2.20)$$

Так образом, материалы и размеры триплекс-бойка должны удовлетворять условию (3.2.20), что позволит обеспечить идентичность триплекс-бойка и синтезированного бойка по генерируемому ими импульсу.

На триплекс-боёк получен Патент РФ №2395383 [155].

Практический анализ [156-159]. новых конструкций бойков, приведенных на рисунках 3.1.1 и 3.2.1, позволил сделать следующие выводы:

– в первом случае подбор материалов не вызывает сложностей, а изготовление такого бойка при условии обеспечения точной формы внутренней поверхности вполне реализуемо способом литья по газифицируемым моделям;

– во втором случае подобрать существующие материалы по заданным условиям невозможно, но этот вопрос решаем с применением композиционных материалов нужной структуры, однако при этом существенно возрастает себестоимость изготовления таких деталей.

Таким образом, разработанные новые конструкции бойков ударных механизмов виде композиции материалов являются одним из перспективных вариантов решения проблемы встраивания в корпуса механизмов рациональных форм бойков, позволяющих повысить эффективность передачи энергии удара.

3.3 Разработка бойков ударных систем с выпуклым ударным торцом

Одной из важнейших характеристик ударных механизмов является их долговечность. Форма ударника в таких механизмах выполняется, как правило, в виде тела вращения, ограниченного воспринимающим и ударным торцами. В результате исследований ударников различных форм установлено, что плоские ударные торцы не обеспечивают достаточно эффективного контакта бойка с воспринимающей частью буровой штангой, т.к. соприкосновение ударного торца ударника с волноводом происходит не в его центральной точке. Из-за зазоров в ударных механизмах плоский ударный торец бойка соприкасается с воспринимающим торцом штанги сначала в точке боковой кромки, затем в результате деформации этой кромки и воспринимающего торца волновода площадь контакта постепенно возрастает. Темп возрастания контакта зависит от начального угла между осями бойка и штанги. Поскольку обеспечить стабильность этого угла практически невозможно, невозможно обеспечить и стабильность точки встречи ударного торца бойка с воспринимающим торцом штанги, а, следовательно, и стабильность результатов удара. Более того, при косом ударе в волноводе возникают изгибные волны деформации, снижающие коэффициент передачи энергии бойка обрабатываемой среде, что может также привести к поломке механизма.

Известен боек, содержащий генерирующую поверхность произвольной формы, ограниченную воспринимающим торцом и ударным торцом, выполненным в форме шарового сегмента. Такая конструкция бойка имеет принципиальный недостаток, заключающийся в том, что выполнение ударного торца в виде шарового сегмента приводит к быстрому разрушению как ударяемого тела, так и тела, воспринимающего удар, т.к. контакт соударяющихся тел с закругленными торцами начинается в точке и недостаточно интенсивно переходит в площадку по мере упругого деформирования тел, что приводит к снижению передачи кинетической энергии бойка волноводу.

С целью повышения эффективности передачи кинетической энергии бойка волноводу, согласно [108], ударный торец бойка выполняется по поверхности, образованной вращением вокруг продольной оси бойка укороченной циклоиды (рисунок 3.3.1, кривая 1). В параметрической форме укороченная циклоида описывается системой уравнений

$$\begin{cases} x = r \cdot (\varphi - \lambda \cdot \sin \varphi), \\ y = r \cdot (1 - \lambda \cdot \cos \varphi), \end{cases} \qquad (3.3.1)$$

где r – радиус катящегося без скольжения по прямой круга, точка которого описывает циклоиду; $\lambda = \dfrac{d}{r}$ – параметр укороченной циклоиды: d – расстояние от центра круга до точки, описывающей циклоиду.

Радиус кривизны ударного торца бойка будет определяться формулой

$$R = r \cdot \frac{1 + 2\lambda + \lambda^2}{\lambda}.$$ (3.3.2)

Наиболее целесообразным являются радиусы кривизны в точке контакта соударяющихся тел от 150 до 300 *мм*. Этим радиусам кривизны удовлетворяют условия $\lambda = 0,3...0,5$.

Такая форма бойка обеспечивает более интенсивный рост контакта ударяемого торца, имеющего переменную кривизну, при его взаимодействии с волноводом в сравнении с формой ударного торца, выполненного в виде шарового сегмента. Однако такая конструкция бойка имеет недостаток, заключающийся в том, что участок контакта укороченной циклоиды с волноводом мало отличается от окружности, вписанной в циклоиду, что не приводит к эффективной передаче кинетической энергии ударника волноводу.

Также выпуклый ударный торец бойка может быть выполнен в виде поверхности, образованной вращением вокруг продольной оси бойка плоской кривой, являющейся частью эллиптической лемнискаты Бута [109] (рисунок 3.3.1, кривая 2). Плоская алгебраическая кривая 4-го порядка, называемая лемнискатой Бута, описывается уравнением в прямоугольных декартовых координатах в виде

$$\left(x^2 + y^2\right)^2 = a^2 \cdot x^2 + b^2 \cdot y^2,$$ (3.3.3)

где $a^2 = 2m^2 + c$; $b^2 = c - 2m^2$ – коэффициенты; c, m – параметры эллиптической лемнискаты Бута, причем $c > 2m$.

Отношение коэффициентов a/b принимается равным $0,7...0,8$. Однако при приближении значения отношения коэффициентов a/b к 0,7 форма части лемнискаты Бута, используемая для ударной поверхности бойка, мало отличается от формы укороченной циклоиды, что не приводит к интенсивному росту площади контакта ударяемого торца при его взаимодействии с волноводом. А при приближении a/b к 0,8 лемниската в этой части становится вогнутой, что абсолютно недопустимо для конструкций бойков ударных систем.

Предлагается новое техническое решение конструкции бойка ударной системы, содержащего выпуклый ударный торец, обеспечивающий более интенсивный рост площади контакта бойка при его взаимодействии с волноводом, с целью повышения эффективности передачи кинетической энергии бойка волноводу.

Сущность конструкции заключается в том, что в бойке, содержащем выпуклый ударный торец, последний выполнен в виде поверхности вращения цепной линии – катены вокруг оси симметрии Oy. На рисунке 3.3.1 (кривая 3) изображен боек, содержащий ударный торец, выполненный в виде тела вращения цепной линии 1 вокруг оси симметрии Oy. Из [134] известно уравнение цепной линии

$$y = \frac{a}{2}\left(e^{\frac{x}{a}} + e^{-\frac{x}{a}}\right) - a,$$ (3.3.4)

где a – параметр цепной линии.

Выполнение торца ударника по поверхности, являющейся поверхностью вращения цепной линии вокруг оси симметрии Oy, позволяет обеспечить при ударе о волновод более интенсивное нарастание площади соприкосновения взаимодействующих элементов. Параметр a выбирается равным $a = (3...20)d$, где d – диаметр ударного торца бойка. Такое значение выбрано потому, что при $a = 3d$ форма части цепной линии, используемая для ударной поверхности ударника мало отличается от формы части эллиптической лемнискаты Бута; при $a = 20d$ цепная линия становится приближенной к прямой линии.

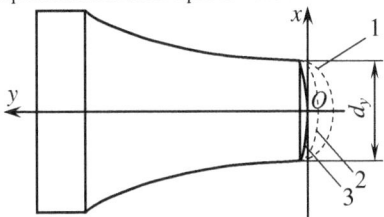

Рисунок 3.3.1 – Боёк с выпуклым ударным торцом

Очевидно, что площадь контакта ударного торца, выполненного по цепной линии, при его взаимодействии с воспринимающим торцом волновода возрастает гораздо интенсивнее, чем площадь торца, выполненного по эллиптической лемнискате Бута.

Боек, изображенный на рисунке 3.3.1, с ударным торцом, образованным вращением вокруг продольной оси бойка цепной линии с параметром $a = (3...20)d$, работает следующим образом. Усилие, приложенное к воспринимающему торцу, разгоняет боек для удара. Кинетическая энергия ударника преобразуется генерирующей частью в продольные колебания, которые передаются в волновод. Предлагаемая форма ударного торца [160] позволяет увеличить коэффициент передачи кинетической энергии бойка в волновод при сохранении стабильности результатов удара.

На разработанный ударник получен Патент РФ №2484944 [161].

Заключение

1. Рациональный выбор форм бойков ударных механизмов позволяет наиболее эффективно использовать энергию удара.
2. Созданная база данных известных запатентованных форм бойков позволяет в короткие сроки решать задачу выбора конструкции бойка ударной системы для конкретных условий эксплуатации.
3. Найденные решения ударных импульсов, генерируемых бойками различных форм, положены в основу базы данных «Справочник ударных импульсов бойков, выполненных в форме тел вращения», которая позволяет осуществлять подбор рациональной формы бойка в зависимости от заданной формы ударного импульса.
4. В результате проведенного сравнительного анализа определены уникальные с точки зрения простоты геометрической формы и эффективности использования энергии удара бойки: конический, гиперболический, полукатеноидальный и псевдосферический.
5. Установлено, что цилиндроконический боёк, созданный по правилу «золотого сечения», генерирует в волноводе при ударе по нему импульс, форма первой волны которого обусловлена конической частью, а наличие цилиндрической части позволяет беспрепятственно встраивать такие бойки в корпуса реальных машин ударного действия.
6. Разработанные теоретические основы исследования продольного соударения стержней с использованием уточненной волновой теории удара и графоаналитического метода, положенного в основы разработанной компьютерной программы, позволили с достаточной степенью точности определить аналитически форму ударного импульса, генерируемого бойком полукатеноидальной формы.
7. В результате проведенного сравнительного анализа установлено, что бойки полукатеноидальной формы, в частности созданные согласно разработанной методике, генерируют ударный импульс, амплитуда которого нарастает в соответствии с ростом сопротивляемости разрушаемой среды внедрению инструмента, что свидетельствует о наиболее эффективном использовании энергии удара.
8. Применение полукатеноидального бойка в ударных системах позволяет получить значение параметра ударного импульса $\dfrac{F_{max}}{F_0} > 2$, предельный максимум которого составляет 2,132 при $\dfrac{D}{d_0} = 6{,}67$, при одновременном уменьшении длительности первой волны ударного импульса и эффективной силы импульса $\dfrac{p}{p_0} = 0{,}87$.
9. Конструкция экспериментального стенда и измерительный комплекс позволяют исследовать волновые ударные импульсы в стержневой

системе и оценивать результаты с достаточной для практики степенью точности.

10. Согласно разработанной методике экспериментального исследования, фиксируя волны деформации в стержне и зная место расположения тензодатчиков на нем, можно достаточно глубоко изучать форму ударного импульса в зависимости от формы ударяющего тела.

11. Результаты статистической обработки данных экспериментального исследования ударных импульсов, генерируемых полукатеноидальными бойками, свидетельствуют о том, что теоретические и экспериментальные исследования имеют удовлетворительную сходимость, что подтверждает пригодность разработанных аналитического и численного методов для расчета параметров ударных импульсов.

12. Более точным и эффективным с точки зрения экономии времени является графоаналитический метод исследования ударных систем технологического назначения, положенный в основу алгоритма компьютерной программы «Анализ форм бойков ударных механизмов».

13. Разработанная компьютерная программа для построения видов полукатеноидальных бойков позволяет находить рациональные конструктивные значения в зависимости от заданных габаритов корпусных элементов машину ударного действия.

14. Решение оптимизационной задачи позволило определить, что наиболее рациональным в ударных системах, предназначенным для разрушения хрупких сред малой и средней крепости, будет применение полукатеноидальных бойков с параметрами $m = 6 \div 7 кг$, $\alpha = 58°$.

15. Применение в ударных системах бойков, боковая поверхность которых является поверхностью постоянной отрицательной кривизны, образуемой вращением трактрисы около её асимптоты, позволяет генерировать ударный импульс с непрерывно возрастающей амплитудой по линейному закону.

16. Цилиндро-псевдосферический боёк, обладая схожими с полукатеноидальным бойком достоинствами генерируемых ударных импульсов, позволяет в 1,65 раза уменьшит габаритный диаметральный размер, что делает его значительно более выгодным с точки зрения рационального проектирования ударных систем.

17. Разработанные теоретические основы проектирования бойков ударных механизмов виде композиции материалов позволяют создавать бойки с удобной для встраивания в корпуса механизмов геометрией при условии сохранения энергетических и волновых свойств в сравнении с приведенной синтезированной формой.

18. Новое техническое решение формы ударного торца позволяет избежать косого удара по волноводу и увеличить коэффициент

передачи кинетической энергии бойка в волновод при сохранении стабильности результатов удара.

19. Внедрение новых рациональных технических решений форм бойков ударных систем – цилиндроконического, полукатеноидального, цилиндро-псевдосферического, – обеспечивает увеличение чистой прибыли предприятия-изготовителя на $16 \div 21\%$, увеличивая рентабельность предприятия машиностроительной отрасли производства в среднем на 3,7%.

20. Применение разработанных теоретических основ и инструментальных средств позволяет создавать и совершенствовать высокоэффективные ударные системы технологического назначения, в частности, применяемые при разрушении хрупких сред.

Библиографический список

1. Алимов О.Д. Бурильные машины / О.Д. Алимов, Л.Т. Дворников – М.: Машиностроение, 1976. – 295 с.
2. Бегагоен И.А. Бурильные машины. Расчет, конструкции, долговечность / И.А. Бегагоен, А.Г. Дядюра, А.И. Бажал. – М.: Недра, 1972. – 368 с.
3. Еремьянц В.Э. Расчет ударных процессов в машинах. Часть 4. Коромысловые ударные системы и системы с неторцевым соударением элементов. Учебно-методическое пособие / Кыргызско-Российский Славянский университет. – Бишкек, 2003. – 56 с.
4. Красников Ю.Д. Мощные нетрадиционные ударные машины как основа экологически чистых, безопасных технологий и роста прибыли горных и строительных предприятий // Горное оборудование и электромеханика. –2008. – №1. – С. 33-36.
5. Мигиренко Г.С. Ударные стенды для испытания малогабаритных изделий / Г.С. Мигиренко, В.Н. Ефграфов, А.А. Рыков и др. – Икутск: Изд-во Иркут. ун-та, 1987. – 215 с.
6. Соколинский В.Б. Машины ударного разрушения. – М.: Машиностроение, 1982. – 184 с.
7. Дворников Л.Т. Бурение шпуров без вращения инструмента с рациональным размещением твердосплавных вставок / Л.Т. Дворников, Ю.А. Прядко, С.Н. Гудимов // Изв. вузов. Горный журнал. – 1987. – №11. – С. 95-100.
8. Дворников Л.Т. Исследование импульсов, генерируемых бойками различной формы / Л.Т. Дворников, И.Д. Шапошников // Сборник «Исследование узлов буровых установок». – Фрунзе, 1972. – С. 64-70.
9. Дворников Л.Т. К вопросу о влиянии формы бойков ударных механизмов на эффективность разрушения горных пород / Л.Т. Дворников, Б.Т. Тагаев // Известия Академии наук Киргизской ССР. – 1981. – №6. – С. 16-21.
10. Дворников Л.Т. К вопросу о рациональном проектировании ударных систем горно-технологического назначения // Материалы четвертой научно-практической конференции по секции машиностроения и горных машин. – Новокузнецк: СибГГМА, 1995. – С. 70-82.
11. Дворников Л.Т. К вопросу об увеличении производительности машин для бурения шпуров в крепких горных породах / Л.Т. Дворников, Мясников А.А., Тагаев Б.Т. // Изв. вузов. Горный журнал. – 1984. – № 11.
12. Дворников Л.Т. К методике синтеза генераторов импульсов продольных колебаний с заданными параметрами / Л.Т. Дворников, Г.В. Федотов, А.А. Мясников // Ударные процессы в технике. Тезисы Республиканского научно-технического семинара. – Фрунзе, 1988. – С. 9-11.
13. Дворников Л.Т. К проблеме описания и оптимизации процесса генерирования волн продольных колебаний в стержневых системах

ударных механизмов / Л.Т. Дворников, А.А. Мясников // Тезисы докладов Конференции по распространению упругих и упругопластических волн. Часть I. – Фрунзе, 15-17 сентября 1983. – С. 30-33.

14. Дворников Л.Т. Конечно-разностный метод решения задачи о продольном соударении стержней / Л.Т. Дворников, А.А. Мясников // Исследования в области буровой техники. Сборник научных трудов Фрунзенского политехнического института. – Фрунзе, 1981. – С. 86-93.

15. Дворников Л.Т. Метод конечных разностей при описании процесса продольных колебаний стержней / Л.Т. Дворников, А.А. Мясников // Совершенствование содержания и методики преподавания курса теории механизмов и машин. Тезисы доклад и сообщений III зонального научно-методического совещания-семинара вузов Средней Азии и Казахстана. – Фрунзе, 1985. – С. 37-39.

16. Дворников Л.Т. Некоторые прикладные задачи теории продольного удара // Научные основы механики машин, конструкций и технологических процессов. Тезисы докладов совещания Проблемной комиссии многостороннего научного сотрудничества Академий наук социалистических стран, Фрунзе, 24-28 мая 1982. – Фрунзе: Илим, 1982. – С. 23-24.

17. Дворников Л.Т. О бурении шпуров без вращения бурового инструмента /Л.Т. Дворников, Е.Ф. Губанов // Известия вузов. Горный журнал. – 1997. – №1.

18. Дворников Л.Т. О новом направлении в создании безлезвийного бурового инструмента /Л.Т. Дворников, Е.Ф. Губанов// Инструмент Сибири.– 2000.- №1.

19. Дворников Л.Т. Об уравнениях, описывающих распространение волн продольных колебаний в стержнях переменного поперечного сечения / Л.Т. Дворников, А.А. Мясников // Состояние и перспективы развития технических наук в Киргизии. Республиканская научно-техническая конференция. Тезисы докладов. – Фрунзе, 1980. – С. 10-12.

20. Дворников Л.Т. Оптимизация преобразования энергии в ударных системах / Л.Т. Дворников, А.А. Мясников, Г.В. Федотов // Сборник научных трудов Импульсный электромагнитный привод. Институт горного дела Сибирского отделения Академии наук СССР. – Новосибирск, 1988. – С. 13-17.

21. Дворников Л.Т. Прикладные задачи распространения волн деформации в стержнях технологического назначения / Л.Т. Дворников, И.Д. Шапошников, А.А. Мясников // Сборник докладов 1 Конференции по механике. Результаты научных исследований и достижения многостороннего научного сотрудничества Академий наук социалистических стран. – Прага-Братислава, 1987. – С. 214-217.

22. Дворников Л.Т. Расчет величин максимального напряжения в буровой штанге и коронке при воздействии ударного импульса / Л.Т.

Дворников, В.И. Зайцев, А.М. Гопен // Совершенствование технологии сооружения горных выработок: Сб. науч. трудов. – Кемерово: Кузбас. политехн. ин-т, 1984. – 137 с.

23. Дворников Л.Т. Увеличение производительности машин для бурения шпуров в крепких горных породах / Л.Т. Дворников, Б.Т. Тагаев, А.А. Мясников // Известия высших учебных заведений. Горный журнал. – 1984. – №11. – С. 61-66.

24. Доронин С.В. Оценка конструктивных решений и расчетное обоснование рациональных параметров деталей машин ударного действия для разрушения горных пород / С.В. Доронин, Д.В. Косолапов // Горное оборудование и электромеханика. – 2008. – №10. – С. 47-53.

25. Доронин С.В. Напряженно-деформированное состояние деталей машин импульсного действия / С.В. Доронин, Д.В. Косолапов // Тяжелое машиностроение. – 2009. – №6. – С. 25-27.

26. Доронин С.В. Сравнительный анализ альтернативных конструктивных решений при проектирвоании и модернизации деталей машин импульсного действия / С.В. Доронин, Д.В. Косолапов // Ремонт, восстановление, модернизация. – 2012. – №3(39). – С. 30-37.

27. Косолапов Д.В. Оценка прочности и ресурса деталей пневмоударников при импульсном нагружении: автореф. дисс. … кан. тех. наук. / Косолапов Дмитрий Васильевич. – Иркутск, 2011. – 17 с.

28. Еремьянц В.Э. Волновые процессы в волноводе ударной системы «боёк – волновод – пластина» // Вестник Ульяновского государственного технического универститета. – 2011. – №1(53). – С. 35-38.

29. Еремьянц В.Э. К вопросу о рациональной форме бойков ударно-вращательных бурильных машин // Физико-технические проблемы разработки полезных ископаемых. – 2011. – №5. – С. 74-82.

30. Еремьянц В.Э. Перспективные виброударные технологии и их развитие в КРСУ // Вестник Кыргызско-Российского славянского университета. – 2013. – Т.13. – №8. – С. 54-58.

31. Еремьянц В.Э. Расчет ударных процессов в машинах. Часть 1. Модели продольного соударения тел с дискетными параметрами и их анализ. Учебно-методическое пособие / Кыргызско-Российский Славянский университет. – Бишкек, 2001. – 52 с.

32. Еремьянц В.Э. Расчет ударных процессов в машинах. Часть 5. Взаимодействие ударных систем с обрабатываемым объектом. Учебно-методическое пособие / Кыргызско-Российский Славянский университет. – Бишкек, 2005. – 66 с.

33. Алимов О.Д. Метод расчета ударных систем с элементами различной конфигурации / О.Д. Алимов, В.К. Манжосов, В.Э. Еремьянц. – Фрунзе: Илим, 1981. – 72 с.

34. Алимов О.Д. Расчет динамического внедрения инструмента в обрабатываемую среду / О.Д. Алимов, В.К. Манжосов, В.Э. Еремъянц и др. – Фрунзе: Илим, 1980. – 43 с.

35. Алимов О.Д. Удар. Распространение волн деформаций в ударных системах / О.Д. Алимов, В.К. Манжосов, В.Э. Еремьянц. – М.: Наука, 1985. – 360 с.

36. Битюрин А.А. Моделирование продольного удара однородных стержней при неудерживающих связях / А. А. Битюрин, В. К. Манжосов // Труды 6-й Международной конференции «Математическое моделирование физических, технических, экономических, социальных систем и процессов», 19-21 октября 2005. – Ульяновск, 2005. – С. 25-27.

37. Дозоров А.А. Моделирование движения виброударной системы при пропорциональном законе изменения силы / А.А. Дозоров, В.К. Манжосов // Вестник Ульяновского государственного технического университета. – 2014. – №2(66). – С. 34-37.

38. Листрова К.С. Моделирование продольного удара упругого стержня как механической системы с конечным числом степеней свободы / К.С. Листрова, В.К. Манжосов // Известия саратовского университета. Новая серия. Серия: математика, механика. – 2011. – Т. 11. – №. – С. 51-57.

39. Манжосов В.К. Графодинамический метод расчета ударных систем бурильных машин с использованием ЭЦВМ / В.К. Манжосов, В.Э. Еремьянц, Л.М. Мартыненко // Проблемы создания и внедрения самоходных бурильных установок. Первая научно-техническая конференция, 24-27 сентября 1974, Тезисы докладов. – Фрунзе, 1974. – С. 199-200.

40. Манжосов В.К. Модели продольного удара. – Ульяновск: УлГТУ, 2006. – 160 с.

41. Манжосов В.К. Моделирование динамических процессов при продольном ударе сосредоточенной массы по стержню // Материалы II международного научного Симпозиума «Механизмы и машины ударного, периодического и вибрационного действия». – Орел, 2003. – С. 359-364.

42. Манжосов В.К. Моделирование процесса преобразования продольной волны деформации на границе разнородных участков стержня с сосредоточенной массой // Вестник УлГТУ. – 2002. – №4. – С. 71-85.

43. Манжосов В.К. Моделирование режимов движения ударной системы при периодическом силовом воздействии / В.К. Манжосов, Д.А. Новиков // Известия саратовского университета. Новая серия. Серия: математика, механика. – 2010. – Т. 10. – №4. – С. 51-57.

44. Манжосов В.К. Преобразование волн деформаций в стержневых системах периодической структуры / В.К. Манжосов, Г.Г. Мирошниченко // Ударные процессы в технике. Тезисы Республиканского научно-технического семинара. – Фрунзе, 1988. – С. 8-9.

45. Манжосов В.К. Преобразование продольной волны деформации постоянной интенсивности на границе стержневой системы //

Механика и процессы управления. – Ульяновск: УлГТУ, 1996. – С. 13-29.

46. Манжосов В.К. Продольный удар. – Ульяновск: УлГТУ, 2007. – 358 с.

47. Манжосов В.К. Продольный удар сосредоточенной массы по полуограниченному стержню с упругой прокладкой в ударном сечении // Вестник УлГТУ. – 2001. – №3. – С. 77-85.

48. Манжосов В.К. Процессы формирования и распределения волн деформации в упругих волноводах с различной акустической жесткостью / В.К. Манжосов, В.Э. Еремьянц, Г.С. Леонтьев // Проблемы создания и внедрения самоходных бурильных установок. Первая научно-техническая конференция, 24-27 сентября 1974, Тезисы докладов. – Фрунзе, 1974. – С. 195-197.

49. Манжосов В.К. Расчет стержней при динамическом нагружении / В.К. Манжосов. – Ульяновск: УлГТУ, 2004. – 92 с.

50. Модели удара в стержневых системах: методические указания / Сост. В. К. Манжосов. Ульяновск: УлГТУ, 1998. – 60 с.

51. Новиков Д.А. Математическое моделирование переходных процессов и предельных циклов движения виброударных систем с разрывными характеристиками: автореф. дисс. … кан. тех. наук. / Новиков Дмитрий Александрович. – Ульяновск, 2011. – 20 с.

52. Мясников А.А. Импульс, генерируемый в полубесконечном стержне ударом бойка с образующей в виде гиперболического косинуса // Современные проблемы механики сплошной среды: Тр. междунар. науч. конф. – НАН КР.-Б., 2012. – С. 394-398.

53. Мясников А.А. Уравнение продольных колебаний стержней на базе теоремы об изменении количества движения // Вестник Кыргызско-Российского славянского университета. – 2013. – Т.13. – №4. – С. 80-82.

54. Каманин Ю.Н. Выбор рациональных параметров разрушения скальных пород ударно-скалывающим исполнительным органом СДМ: автореф. дисс. … кан. тех. наук. / Каманин Юрий Николаевич. – Орел, 2011. – 20 с.

55. Ушаков Л.С. Гидравлические машины ударного действия / Л.С. Ушаков, Ю.Е. Котылев, А.В. Кравченко. – М.: Машиностроение, 2000. – 416 с.

56. Ушаков Л.С. Импульсные технологии и гидравлические ударные механизмы. – Орел: ОрелГТУ, 2009. – 250 с.

57. Ушаков Л.С. К истории внедрения импульсных технологий в горном деле // Горное оборудование и электромеханика. – 2012. – №2. – С. 43-45.

58. Ушаков Л.С. Энергетическая оценка волн напряжений, генерируемых в массиве / Л.С. Ушаков, Ю.Н. Каманин, Р.А. Ределин // Мир транспорта и технологических машин. – 2011. – №3. – С. 48-53.

59. Шапошников И.-И.Д. Бурение продольным ударом. Влияние формы штанги // Отраслевые аспекты технических наук. – 2011. – №3. – С. 6-12.

60. Шапошников И.-И.Д. Бурение продольным ударом. Потери энергии в составной штанге // Отраслевые аспекты технических наук. – 2011. – №3. – С. 15-19.

61. Шапошников И.-И.Д. Бурение продольным ударом. Волны деформаций «нулём к забою» // Отраслевые аспекты технических наук. – 2011. – №7. – С. 16-20.

62. Шапошников И.-И.Д. Бурение продольным ударом. Коническая штанга. Второе внедрение // Отраслевые аспекты технических наук. – 2011. – №5. – С. 18-23.

63. Шапошников И.-И.Д. Бурение продольным ударом. Влияет ли масса коронки? // Отраслевые аспекты технических наук. – 2011. – №7. – С. 2-4.

64. Шапошников И.-И.Д. Бурение продольным ударом. Влияние податливости забоя // Отраслевые аспекты технических наук. – 2011. – №3. – С. 5-7.

65. Шапошников И.-И.Д. Бурение продольным ударом. Влияние коронки // Отраслевые аспекты технических наук. – 2011. – №9. – С. 11-16.

66. Шапошников И.-И.Д. Бурение продольным ударом. Осциллограммы // Отраслевые аспекты технических наук. – 2011. – №11. – С. 35-40.

67. Шапошников И.-И.Д. Бурение продольным ударом. Функция «сила-внедрение» // Отраслевые аспекты технических наук. – 2012. – №2. – С. 15-21.

68. Шапошников И.-И.Д. Влияние формы штанги на бурение продольным ударом // МашиноСтроение. – 2011. – №21. – С. 95-107.

69. Шапошников И.-И.Д. Некоторые задачи продольного соударения стержней // МашиноСтроение. – 2010. – №20. – С. 84-90.

70. Юнгмейстер Д.А. Исследования ударной системой «поршень-боёк-инструмент» для расширения области использования процесса дребезга / Д.А. Юнгмейстер, Ю.В. Судьенков, В.А. Пивнев и др. // Горный информационно-аналитический бюллетень. – 2011. – №8. – С. 288-294.

71. Юнгмейстер Д.А. Модернизация ударных буровых механизмов / Д.А. Юнгмейстер, Л.К. Горшков, В.А. Пивнев и др. – СПб.: Изд-во «Политехника-сервис», 2012. – 149 с.

72. Юнгмейстер Д.А. Эспериментальные исследования ударных систем «поршень-боек-штанга» / Д.А. Юнгмейстер, А.Я. Бурак, Г.В. Соколова, Ю.В. Судьенков // Ударно-вибрационные системы, машины и технологии. Материалы III международного научного симпозиума. – Орел: ОрелГТУ, 2006. – С.72-75.

73. Дворников Л.Т. Рациональное проектирование ударных систем технологического назначения / Л.Т. Дворников, И.А. Жуков // Вестник Сибирского государственного индустриального университета. – 2012. – №2. – С. 15-20.

74. Открытие 13 СССР. / Е.В. Александров. – Приоритет от 30.10.1957, опубл. 19.03.1964, Бюл. №7. – 1 с.

75. Жукова Е.В., Жуков И.А., Подгорных Л.Б. Историческая ретроспектива исследований проблем теории продольного удара, применительно к машинам технологического назначения // МашиноСтроение. – 2014. – №23. – С. 21-34.

76. Жуков И.А. Известные методы решения задач о продольном ударе // Основы проектирования машин: Материалы Шестой учебно-методической конференции. – Новокузнецк: Изд. центр СибГИУ, 2012. – С. 26-39.

77. Clebsch A. Theorie de l`elasticite des corps solides / V.F. Saint-Venant. – Paris: Dunod, 1883. – 980 p.

78. Жуков И.А. Исходные основания к изучению влияния форм бойков на форму ударного импульса в машинах ударного действия // Вестник Кузбасского государственного технического университета. – 2014. – №5(105). – С. 25-27.

79. Ляв А. Математическая теория упругости. – М.-Л.: ОНТИ НКТП СССР, 1935. – 674 с.

80. Кольский Г. Волны напряжения в твердых телах. – М.: Изд-во инос. лит-ры, 1955. – 192 с. (Oxford, 1953).

81. Геронимус Я.Л. Теоретическая механика (очерки об основных положениях). – М.: Наука, 1973. – 512 с.

82. Кильчевский Н.А. Динамическое контактное сжатие твердых тел. Удар. – Киев: Наукова думка, 1976. – 320 с.

83. Кошляков Н.С. Основные дифференциальные уравнения математической физики. Изд. 4-е, испр. и доп. – М.-Л.: ОНТИ НКТП СССР, 1936. – 505 с.

84. Пановко Я.Г. Основы прикладной теории колебаний и удара. Изд. 3-е., доп. и переработ. – Л.: Машиностроение, 1976. – 320 с.

85. Жуков И.А. Обобщенная методика и инструментальные средства создания машин ударного действия для разрушения хрупких сред // Современные проблемы машиностроения: сборник научных трудов VII Международной научно-технической конференции; Томский политехнический университет. – Томск: Изд-во ТПУ, 2013. – С. 230-233.

86. Жуков И.А. Автоматизированный программный комплекс для определения рациональных параметров ударных систем технологического назначения // Автоматизированное проектирование в машиностроении. – 2013. – №1. – С. 32-35.

87. Жуков И.А. Инструментальные средства для разработки и модернизации ударных систем технологического назначения, основанные на явлении интенсификации процесса передачи ударного импульса / И.А. Жуков, Е.В. Жукова // Современные инструментальные системы, информационные технологии и инновации: сборник научных трудов XII-ой Международной научно-практической конференции (19-20 марта 2015 года). – Курск: Юго-Зап. гос. ун-т, 2015. – Т. 2. – С. 112-115.

88. А.с. №208608. Боек для машин ударного действия / Иванов К.И., Андреев В.Д., Манзинко Г.Г. и др. – 1968, Бюл. №4.

89. А.с. №300602. Поршень для машин ударного действия / Шилов П.М., Шутько А.Ф., Метелин Е.П. и др. – 1971.

90. А.с. №317503. Ударник для машин динамического действия / Маслаков П.А., Клушин Н.А., Абраменков Э.А. – 1971, Бюл. №31.

91. А.с. №371342. Поршень для машин ударного действия / Александров Е.В. –1972, Бюл. №12.

92. А.с. №906110. Боек / Дворников Л.Т., Мясников А.А. – 1981.

93. А.с. №999394. Боек / Дворников Л.Т., Мясников А.А. – 1982.

94. А.с. №999395. Боек / Дворников Л.Т., Мясников А.А., Тагаев Б.Т. – 1982.

95. А.с. №1004093. Поршень-ударник для машин ударного действия / Соколинский В.Б., Захариков Г.М., Доброборский С.И. и др. – 1983, Бюл. №10.

96. А.с. №1153052. Устройство ударного действия для разрушения горных пород / Москалев А.Н., Степанюк А.И., Галяс А.А. и др. – 1985, Бюл. №16.

97. А.с. №1235720. Ударник для машин ударного действия / Абраменков Э.А., Проценко В.М. – 1986, Бюл. №21.

98. А.с. №1265038. Боек / Дворников Л.Т., Федотов Г.В. – 1986, Бюл. №39.

99. А.с. №1357215. Боек / Дворников Л.Т., Мясников А.А., Федотов Г.В. – 1987, Бюл. №45.

100.А.с. №1362572. Боек / Дворников Л.Т., Федотов Г.В. – 1987, Бюл. №48.

101.А.с. №1391873. Модульный боек / Дворников Л.Т., Мясников А.А., Федотов Г.В. – 1988, Бюл. №16.

102.А.с. №1397274. Ударник для машины ударного действия / Абраменков Э.А., Надеин А.А., Проценко В.М. – 1988, Бюл. №19.

103.А.с. №1445939. Ударник для машин ударного действия / Абраменков Э.А., Надеин А.А., Проценко В.М. –1988, Бюл. №47.

104.А.с. №1489980. Боек / Дворников Л.Т., Федотов Г.В., Логушова О.В. – 1989, Бюл. №24.

105.А.с. №1551543. Боек ударного механизма / Дворников Л.Т., Александров Л.Н., Федотов Г.В. – 1990, Бюл. №11.

106.А.с. №1743842. Ударный механизм / Дворников Л.Т., Анохин А.В., Федотов Г.В. – 1992, Бюл. №24.

107.А.с. №1792829. Ударник для машин ударного действия / Абраменков Э.А., Проценко В.М. – 1993, Бюл. №5.

108.Патент №2041792. Боек / Дворников Л.Т., Прядко Ю.А., Гудимов С.Н. –1995, Бюл. №23.

109.Патент №2137595. Ударник бурильной машины / Дворников Л.Т., Прядко М.Ю. – Приоритет от 01.06.1998, опубл. 20.09.1999, Бюл. №26.

110. Патент №2209913. Способ разрушения горных пород ударными импульсами / Юнгмейстер Д.А., Ветюков М.М., Пивнев В.А., Лукашов К.А. – Приоритет от 31.01.2002; опубл. 10.08.2003.

111. Патент №2233960. Составной ударник с амортизатором для пневматических перфораторов / Арефьев В.И., Бессонов А.Н., Чумачев А.А. – Приоритет от 15.12.2002; опубл. 10.08.2004.

112. Жуков И.А. Бойки ударных механизмов, имеющие аналитическое решение / И.А. Жуков, Л.Т. Дворников // Справочник. Инженерный журнал. – 2008. – №10(139). – С. 17-20.

113. Дворников Л.Т. Анализ форм бойков ударных механизмов с точки зрения рациональности их применения / Л.Т. Дворников, И.А. Жуков // Наукоемкие технологии разработки и использования минеральных ресурсов: Материалы Международной научно-практической конференции. Сборник научных статей. – Новокузнецк: СибГИУ, 2003. – С. 118-125.

114. Свидетельство БД №2012620488. Полный состав форм бойков для машин ударного действия / Жуков И.А., Андреева Я.А. (РФ) – №2012620225; поступление 02.04.2012; зарегистр. 30.05.2012.

115. Бегагоен И.А. Бурильные машины. Расчет, конструкции, долговечность / И.А. Бегагоен, А.Г. Дядюра, А.И. Бажал. – М.: Недра, 1972. – 368 с.

116. Бегагоен И.А. Повышение точности и долговечности бурильных машин / И.А. Бегагоен, А.И. Бойко. – М.: Недра, 1986. – 213 с.

117. Дворников Л.Т. Решение задачи о продольном соударении стержней на ЭВМ / Л.Т. Дворников, И.А. Жуков // Х Юбилейная Международная научно-практическая конференция студентов, аспирантов и молодых ученых «Современные техника и технологии», посвященная 400-летию г. Томска, 29 марта – 2 апреля 2004 г. Труды. В 2-х т. – Томск: Изд-во Томского политехн. ун-та, 2004. – Т. 1. – С. 151-153.

118. Жуков И.А. Анализ форм бойков ударных систем графоаналитическим методом / И.А. Жуков, Л.Т. Дворников // Вестник компьютерных и информационных технологий. – 2009. – №1. – С. 15-19.

119. Свидетельство №2007613024. Анализ форм бойков ударных механизмов / Дворников Л.Т., Жуков И.А. (РФ) – №2007611961; поступление 18.05.2007; зарегистр. 11.07.2007.

120. Свидетельство БД №2013620699. Справочник аналитических решений ударных импульсов бойков, выполненных в форме тел вращения / Жуков И.А., Андреева Я.А. (РФ) – №2013620381; поступление 16.04.2013; зарегистр. 13.06.2013.

121. Алимов О.Д. Исследование эффективности формы ударного импульса при вращательно-ударном бурении шпуров / О.Д. Алимов, И.Д. Шапошников, Л.Т. Дворников // Физико-технические проблемы разработки полезных ископаемых. – 1971. – №5.

122.Алимов О.Д. Формирование импульсов при вращательно-ударном бурении шпуров / О.Д. Алимов, Л.Т. Дворников, И.Д. Шапошников // Известия АН Киргизской ССР. – 1970. – № 4. – С. 12-13.

123.Шапошников И.Д. Исследование волновых ударных импульсов с целью повышения эффективности работы вращательно-ударных механизмов бурильных машин: автореф. дисс. ... кан. тех. наук. / Шапошников Израиль Давидович. – Фрунзе, 1969.

124.Мясников А.А. Импульс продольных колебаний, генерируемый бойком, имеющим форму гиперболоида вращения, в стержне постоянного поперечного сечения // Материалы шестой научно-практической конференции по проблемам машиностроения, металлургических и горных машин. – Новокузнецк: СибГГМА, 1997. – С. 32-36.

125.Мясников А.А. Обоснование рациональной конструкции механического генератора волн продольных колебаний машин ударного действия для разрушения горных пород: автореф. дисс. ... кан. тех. наук. / Мясников Алексей Андреевич. – Фрунзе, 1982.

126.Федотов Г.В. Повышение эффективности ударных воздействий за счет изменения конфигурации ударяющих тел: дис. кан. тех. наук / Федотов Геннадий Васильевич. – Фрунзе, 1989. – 94 с.

127.Воробьев Н.Н. Числа Фибоначчи. – М.: Наука, 1978. – 144 с.

128.Молчанов В.В. О нахождении формы ударного импульса в волноводе при ударе по нему цилиндроконическим бойком / В.В. Молчанов, И.А. Жуков, Л.Т. Дворников // Успехи современного естествознания. – 2011. – №7. – С. 160a.

129.Молчанов В.В. Ударный импульс, генерируемый цилиндроконическим бойком / В.В. Молчанов, И.А. Жуков // Успехи современного естествознания. – 2012. – №6. – С. 155.

130.Жуков И.А. Рациональное проектирование цилиндроконических бойков машин ударного действия / И.А. Жуков, В.В. Молчанов // Горное оборудование и электромеханика. – 2013. – №2. – С. 37-40.

131.Молчанов В.В. О применении правила «Золотого сечения» к разработке форм бойков ударных механизмов / В.В. Молчанов, И.А. Жуков // Современные наукоемкие технологии. – 2013. – №8-2. – С. 267.

132.Патент №2484943 РФ, МПК B25D 17/02. Боёк цилиндроконический / Дворников Л.Т., Жуков И.А., Молчанов В.В. (РФ) – №2011152123; приоритет от 20.12.2011; опубл. 20.06.2013; Бюл. №17.

133.Бронштейн И.Н. Справочник по математике для инженеров и учащихся втузов. Изд. перераб. / К.А. Семендяев, И.Н. Бронштейн. – М.: Наука, 1986. – 544 с.

134.Выгодский М.Я. Справочник по высшей математике. – М.: АСТ: Астрель, 2005. – 991 с.

135.Люстерник Л.А. Кратчайшие линии. Вариационные задачи. Серия «Популярные лекции по математике», выпуск 19. – М.-Л.: Гостехиздат, 1955. – 104 с.

136. Математическая энциклопедия / И.М. Виноградов. – М.: Советская энциклопедия. – 1977-1985.
137. Савелов А.А. Плоские кривые. Систематика, свойства, применения – М.: Изд-во Физматлит, 1960. – 294 с.
138. Энциклопедический словарь Ф.А. Брокгауза и И.А. Ефрона. – С.-Пб.: Брокгауз-Ефрон, 1890-1907.
139. Дворников Л.Т. Использование катеноидальных бойков в ударных системах технологического назначения / Л.Т. Дворников, И.А. Жуков // Природные и интеллектуальные ресурсы Сибири (СИБРЕСУРС-9-2003): Доклады 9-й Международной научно-практической конференции. Улан-Удэ, 23, 24 сент. 2003г. – Томск: Изд-во Том. ун-та, 2003. – С. 112-115.
140. Дворников Л.Т. Аналитическое исследование формирования ударного импульса в полубесконечном стержне при ударе по нему бойком полукатеноидальной формы / Л.Т. Дворников, А.А. Мясников, И.А. Жуков // Материалы пятнадцатой научно-практической конференции по проблемам механики и машиностроения. – Новокузнецк: СибГИУ, 2005. – С. 154-161.
141. Бейтмен Г. Таблицы интегральных преобразований, том 1, Преобразования Фурье, Лапласа, Меллина (Серия «Справочная математическая библиотека») / Г. Бейтмен, А. Эрдейи. – М.: Наука, 1969. – 344 с.
142. Диткин В.А. Операционное исчисление. Учеб. пособие для втузов. Изд. 2, доп. / В.А. Диткин, А.П. Прудников. – М.: Высшая школа, 1975. – 407 с.
143. Корн Г., Корн Т., Справочник по математике. (Для научных работников и инженеров. Определения, теоремы, формулы). – М.: Наука, Главная редакция физико-математической литературы, 1977. – 832 с.
144. Пчелкин Б.К. Специальные разделы высшей математики. (Функции комплексного переменного. Операционное исчисление). Учебное пособие для втузов. – М.: Высшая школа, 1973. – 464 с.
145. Тихонов А.Н. Уравнения математической физики / А.Н. Тихонов, А.А. Самарский. – М.: Наука, 1972.
146. Дворников Л.Т. Продольный удар полукатеноидальным бойком: Моногр. / Л.Т. Дворников, И.А. Жуков. – Новокузнецк: СибГИУ. – 2006. – 80 с.
147. Дворников Л.Т. Полукатеноид вращения как универсальный боек ударных систем технологического назначения / Л.Т. Дворников, И.А. Жуков // Горный информационно-аналитический бюллетень. – 2008. – №4. – С. 282-287.
148. Жуков И.А. Полукатеноидальный боёк ударных систем // Современные проблемы теории машин. – 2013. – №1. – С. 171-179.
149. Тагаев Б.Т. Поиск путей увеличения эффективности ударного разрушения горных пород при бурении: автореф. дисс. … кан. тех. наук. / Тагаев Базарбай Тагаевич. – Фрунзе, 1985.

150. Патент №2182953 РФ, МПК Е21В1/38, В25D17/02. Способ образования видов катеноидных бойков ударных механизмов / Дворников Л.Т., Жуков И.А., Стипанов А.Г. (РФ) – №2000132024/03; приоритет от 20.12.2000; опубл. 27.05.2002; Бюл. №15.

151. Свидетельство №2012612133. Построение полукатеноидальных бойков ударных механизмов / Жуков И.А., Дворников Л.Т. (РФ) – №2011660044; поступление 26.12.2011; зарегистр. 24.02.2012.

152. Жуков И.А. Продольный удар цилиндро-псевдосферическим бойком // Проблемы механики современных машин: Материалы V международной конференции. – Улан-Удэ: Изд-во ВСГУТУ, 2012. – Т. 2. – С. 192-195.

153. Патент №2486049 РФ, МПК В25D 17/02. Боёк цилиндро-псевдосферический / Дворников Л.Т., Жуков И.А. (РФ) – №2012101093; приоритет от 11.01.2012; опубл. 27.06.2013, Бюл. №18.

154. Патент №2234583 РФ, МПК 7 Е21В1/38, В25D17/02. Боёк ударного механизма / Дворников Л.Т., Жуков И.А. (РФ) – №2003109114/03; приоритет от 31.03.2003; опубл. 20.08.2004; Бюл. №23.

155. Патент №2395383 РФ, МПК В25D 17/02. Боёк ударного механизма – триплекс-боёк / Жуков И.А., Сараханова Е.В., Бурда А.Е. (РФ) – №2008145864; приоритет от 20.11.2008; опубл. 27.07.2010; Бюл. №21.

156. Жуков И.А. К вопросу о рациональном проектировании бойков из композитных материалов для механизмов ударного действия / И.А. Жуков, А.Е. Бурда // Наукоемкие технологии разработки и использования минеральных ресурсов: сб. науч. статей. – Новокузнецк: СибГИУ, 2009. – С. 100-103.

157. Жуков И.А. Повышение результативности процесса разрушения сред ударными воздействиями путем подбора форм бойков в виде композиции материалов // Вестник Кузбасского государственного технического университета. – 2014. – №3. – С. 3-4.

158. Zhukov I.A. Development of the anvil blocks forms of impact machines as composition of different materials / I.A. Zhukov, E.V. Sarakhanova, Ya.A. Andreeva // AIP Conference Proceedings. – 2014. – Vol. 1623. – P. 663-666.

159. Zhukov I.A. Development of the anvil blocks forms of impact machines in the form of composition of various materials / I.A. Zhukov, Ya.A. Andreeva // Тезисы докладов Международной конференции «Физическая мезомеханика многоуровневых систем-2014. Моделирование, эксперимент, приложения», 3-5 сентября 2014г., Томск, Россия. – Томск: ИФПМ СО РАН, 2014. – С. 210-213.

160. Жуков И.А. Разработка форм ударников бурильных машин с выпуклым ударным торцом // Вестник Кузбасского государственного технического университета. – 2012. – №3. – С. 31-32.

161. Патент №2484944 РФ, МПК В25D 17/02. Ударник бурильной машины / Жуков И.А., Дворников Л.Т. (РФ) – №2011152126; приоритет от 20.12.2011; опубл. 20.06.2013; Бюл. №17.